Biblioteca Aeronáutica
aviación en simples pasos

Aerodinámica

de alta velocidad

Biblioteca Aeronáutica
aviación en simples pasos

ISBN: **978-631-00-8903-4**

Introducción

El comportamiento del perfil alar dentro de un flujo de aire ha sido tema de estudio desde el inicio de los tiempos, e incluso, sigue siendo un tema relevante en la actualidad pero únicamente aplicado aeronaves de velocidades inferiores a la velocidad del sonido.

El estudio y análisis de una aerodinámica de alta velocidad, igual o superior a la velocidad del sonido resultaba irrelevante a principios de la era aeronáutica, ya que las aeronaves difícilmente podían alcanzar velocidades supersónicas límites. Con el avance en la industria aerocomercial, las aeronaves mejoraron su performance de vuelo logrando alcanzar velocidades inimaginables para que yo pioneros que fundaron los principios del vuelo. A partir de aquí comenzaron los análisis y el estudio del perfil alar dentro de una corriente de aire a velocidades límites y por encima de estas, velocidad transónicas y velocidades supersónicas.

Aerodinámica de alta velocidad es una obra complementaria al gran éxito de esta colección denominado "Aerodinámica", Y propone el estudio y análisis de todos los factores que intervienen en esta materia pero aplicados a velocidades superiores a las tradicionales.

Capt. Facundo Conforti

Biblioteca Aeronáutica
aviación en simples pasos

Índice

Capítulo 5 – Aerodinámica en vuelos transónicos

Capítulo 6 – Aerodinámica en vuelos supersónicos

Biblioteca Aeronáutica
aviación en simples pasos

Capítulo 1

Un poco de historia

Biblioteca Aeronáutica
aviación en simples pasos

Introducción

Los vuelos supersónicos, definidos por velocidades superiores al número de Mach 1 (la velocidad del sonido, aproximadamente 343 m/s a nivel del mar), representan uno de los logros más destacados en la historia de la aviación. El concepto de volar más rápido que el sonido comenzó a tomar forma en el siglo XX, impulsado por avances en la aerodinámica y la propulsión. La comprensión de la compresibilidad del aire, las ondas de choque y el número de Mach ($M = V/a$) sentó las bases teóricas para superar la "barrera del sonido", un término que reflejaba los desafíos técnicos de la época, como el aumento drástico de la resistencia (divergencia de resistencia) y la inestabilidad en el régimen transónico ($0.8 < M < 1.2$).

Los primeros estudios teóricos sobre flujos supersónicos se remontan al siglo XIX, con contribuciones de físicos como Ernst Mach, quien investigó las ondas de choque. En el siglo XX, la teoría de la compresibilidad (por ejemplo, la corrección de Prandtl-Glauert) y el desarrollo de túneles de viento supersónicos permitieron a los ingenieros analizar flujos a $M > 1$.

El primer vuelo supersónico

El primer vuelo supersónico tripulado, un hito histórico en la aviación, ocurrió el 14 de octubre de 1947, cuando el capitán Charles "Chuck" Yeager pilotó el avión experimental Bell X-1, alcanzando una velocidad de Mach 1.06 (aproximadamente 1287 km/h o 800 mph) a una altitud de 13,000 metros (43,000 pies). Este evento marcó la primera vez que un ser humano rompió la "barrera del sonido" en vuelo nivelado, demostrando que los vuelos supersónicos eran posibles y abriendo un nuevo capítulo en la aerodinámica de alta velocidad. En el contexto de un libro sobre aerodinámica de alta velocidad, este capítulo explora los detalles técnicos, los desafíos aerodinámicos, el contexto histórico y la importancia del Bell X-1, dirigido a estudiantes de ingeniería aeronáutica, profesionales y entusiastas de la aviación.

En las décadas de 1930 y 1940, los avances en aerodinámica y propulsión llevaron a los ingenieros a explorar velocidades cercanas a la del sonido. La "barrera del sonido" era un término popular que reflejaba los desafíos técnicos del régimen transónico ($0.8 < M < 1.2$), donde la compresibilidad del aire causaba un aumento drástico en la resistencia (divergencia de resistencia) y problemas de estabilidad debido a la formación de ondas de choque locales.

Durante la Segunda Guerra Mundial, los aviones de hélice, como el P-51 Mustang, alcanzaron velocidades cercanas a $M = 0.75$, pero enfrentaban vibraciones severas y pérdida de control en picadas a velocidades transónicas. Esto motivó a la National Advisory Committee for

Aeronautics (NACA), en colaboración con el Ejército de los Estados Unidos y la Fuerza Aérea, a desarrollar un programa experimental para estudiar el vuelo supersónico. El resultado fue el Bell X-1, un avión diseñado específicamente para superar la barrera del sonido.

El Bell X-1, apodado "Glamorous Glennis" en honor a la esposa de Chuck Yeager, fue un avión experimental diseñado con un enfoque en la aerodinámica de alta velocidad. Sus características clave incluían:

Forma aerodinámica: Inspirada en la bala de calibre .50, conocida por su estabilidad a velocidades supersónicas, el X-1 tenía un fuselaje esbelto para minimizar la resistencia de onda. La relación de esbeltez (longitud/diámetro) era alta para reducir los efectos de compresibilidad.

Alas rectas y delgadas: Las alas tenían un perfil simétrico (NACA 65-108) con un espesor relativo bajo (8-10% de la cuerda) para reducir la formación de ondas de choque. A diferencia de los diseños modernos, no usaba alas en flecha, ya que esta tecnología se desarrolló más tarde.

Motor cohete: Equipado con un motor Reaction Motors XLR-11, que utilizaba combustible líquido (alcohol y oxígeno líquido), proporcionaba un empuje de aproximadamente 26.7 kN (6000 lbf). Los motores cohete eran ideales para vuelos supersónicos debido a su alta relación empuje-peso, a diferencia de los turborreactores de la época.

Estructura robusta: Construido con aleaciones de aluminio, el X-1 estaba diseñado para soportar las cargas aerodinámicas y las vibraciones del régimen transónico.

Sistema de lanzamiento: El X-1 era transportado hasta una altitud de 7000-8000 metros por un bombardero B-29 o B-50 modificado, desde donde se soltaba para realizar su vuelo propulsado.

El vuelo supersónico presentó varios desafíos relacionados con la compresibilidad del aire y la formación de ondas de choque:

Divergencia de resistencia: En el régimen transónico, la formación de ondas de choque locales aumentaba drásticamente la resistencia aerodinámica. El X-1 superó este problema gracias a su diseño aerodinámico y la potencia del motor cohete.

Inestabilidad transónica: Los cambios abruptos en la distribución de presión causados por ondas de choque podían desplazar el centro de presión, afectando la estabilidad del avión. El X-1 usaba un estabilizador horizontal ajustable (trim) para contrarrestar estos efectos.

Ondas de choque: A $M > 1$, las ondas de choque se forman alrededor del avión, causando un **sonic boom** audible en tierra. Aunque el

X-1 volaba a gran altitud, el sonic boom fue un fenómeno observado durante las pruebas.

Control en el régimen transónico: Los controles convencionales (alerones, timones) podían volverse menos efectivos debido a la compresibilidad. El X-1 requería ajustes precisos por parte del piloto para mantener el control.

Estos desafíos se estudiaron mediante pruebas en túneles de viento supersónicos y simulaciones teóricas basadas en las ecuaciones de Euler y las relaciones de Rankine-Hugoniot para ondas de choque.

El vuelo del Bell X-1 se realizó en la Base Aérea de Muroc (ahora Edwards Air Force Base) en California. Los detalles clave del vuelo incluyen:

Condiciones: El X-1 fue lanzado desde un B-29 a una altitud de aproximadamente 7000 metros. Chuck Yeager encendió los cuatro cohetes del XLR-11, alcanzando M = 1.06 a 13,000 metros.

Durante la transición transónica (M 0.95-1.0), Yeager reportó vibraciones intensas debido a las ondas de choque locales. Al superar M = 1 , el vuelo se volvió más suave, ya que las ondas de choque se estabilizaron detrás del avión, confirmando las predicciones teóricas. Un sonic boom fue detectado en tierra, verificando que el avión había roto la barrera del sonido.

Instrumentación: El X-1 estaba equipado con sensores para medir presión, temperatura y velocidad, proporcionando datos valiosos para validar los modelos aerodinámicos.

El éxito del vuelo fue resultado de meses de pruebas previas, durante las cuales Yeager y el equipo de Bell Aircraft realizaron vuelos progresivamente más rápidos, ajustando el diseño y los procedimientos según los datos obtenidos.

El primer vuelo supersónico tuvo un impacto profundo en la aviación y la aerodinámica. Confirmó las predicciones teóricas sobre el comportamiento del flujo supersónico, incluyendo la formación de ondas de choque y la reducción de la resistencia una vez superado M = 1. Inspiró el desarrollo de alas en flecha, perfiles delgados y tomas de aire supersónicas, que se convirtieron en estándar en los aviones de los años 1950.

El éxito del X-1 llevó a la creación de programas experimentales como los X-Planes de la NACA/NASA, que exploraron regímenes supersónicos e hipersónicos. Facilitó el desarrollo de cazas supersónicos como el F-100 Super Sabre y el MiG-19, que dominaron la Guerra Fría.

El programa del Bell X-1 enfrentó varios obstáculos. Los túneles de viento de la época tenían dificultades para simular flujos transónicos precisos, lo que obligó a los ingenieros a confiar en pruebas de vuelo reales. Yeager voló en condiciones de alto riesgo, con controles manuales y sin sistemas de eyección avanzados. El motor cohete XLR-11 tenía un tiempo de combustión limitado (unos pocos minutos), lo que restringía la duración de los vuelos supersónicos. Las lecciones aprendidas incluyeron la importancia de los datos experimentales, el diseño aerodinámico optimizado para la compresibilidad, y la necesidad de sistemas de control robustos en el régimen transónico.

El Bell X-1 no solo rompió la barrera del sonido, sino que también estableció un precedente para la exploración aeronáutica:

Inspiración para aviones supersónicos: Puso las bases para aviones como el Concorde ($M = 2$) y el SR-71 Blackbird ($M = 3.2$), que llevaron la tecnología supersónica a nuevos niveles.

Avances en aerodinámica: Los datos del X-1 contribuyeron al desarrollo de teorías sobre ondas de choque (relaciones de Rankine-Hugoniot) y expansiones (Prandtl-Meyer), que son fundamentales en la aerodinámica de alta velocidad.

Cultura popular: El vuelo de Yeager, inmortalizado en el libro y la película *The Right Stuff*, capturó la imaginación del público, simbolizando el espíritu de exploración y valentía.

El primer vuelo supersónico del Bell X-1 el 14 de octubre de 1947 marcó un punto de inflexión en la historia de la aviación, demostrando que la barrera del sonido podía superarse mediante un diseño aerodinámico cuidadoso y una propulsión adecuada.

Este hito no solo validó las teorías de la aerodinámica de alta velocidad, sino que también inspiró el desarrollo de aviones supersónicos militares y comerciales. En el contexto de la aerodinámica de alta velocidad, el X-1 destacó los desafíos de la compresibilidad, las ondas de choque y la resistencia de onda, sentando las bases sobre flujos supersónicos e hipersónicos.

Avances en la Década de 1950: Cazas Supersónicos

La década de 1950 marcó un período de rápidos avances en la aviación supersónica, impulsado principalmente por la Guerra Fría y la carrera armamentística entre Estados Unidos y la Unión Soviética. Durante este tiempo, los cazas supersónicos se convirtieron en una realidad, transformando la guerra aérea con aviones capaces de superar la velocidad del sonido (Mach 1, aproximadamente 343 m/s a nivel del mar).

La superioridad aérea se convirtió en un objetivo estratégico clave, ya que los aviones de combate desempeñaban un papel crucial en la defensa, el reconocimiento y la proyección de poder. El éxito del Bell X-1 en 1947, que rompió la barrera del sonido, demostró que los vuelos supersónicos eran posibles, incentivando a ambos bloques a desarrollar cazas capaces de operar a $M > 1$.

Los avances en aerodinámica, propulsión y materiales fueron fundamentales para superar los desafíos del régimen transónico ($0.8 < M < 1.2$) y supersónico ($1.2 < M < 5$). La National Advisory Committee for Aeronautics (NACA) en EE.UU. y los institutos de investigación soviéticos, como el TsAGI, jugaron un papel crucial en el desarrollo de túneles de viento supersónicos y modelos teóricos para estudiar flujos compresibles.

Los cazas supersónicos enfrentaron varios desafíos relacionados con la aerodinámica de alta velocidad:

Compresibilidad y resistencia de onda: A medida que un avión se acerca a $M = 1$, la compresibilidad del aire provoca la formación de ondas de choque locales, aumentando drásticamente la resistencia aerodinámica (fenómeno conocido como **divergencia de resistencia**). Esto requería diseños aerodinámicos optimizados y motores potentes.

Ondas de choque: En el régimen supersónico, las ondas de choque se forman alrededor del avión, causando cambios abruptos en presión, densidad y temperatura.

Estabilidad y control: En el régimen transónico, los cambios en la distribución de presión podían desplazar el centro de presión, afectando la estabilidad. Los cazas requerían sistemas de control avanzados, como estabilizadores ajustables y alerones efectivos.

Calentamiento aerodinámico: Aunque menos severo que en regímenes hipersónicos, las temperaturas en la superficie de los cazas supersónicos podían alcanzar los 100-200°C, requiriendo materiales como aleaciones de aluminio reforzadas.

Tomas de aire: Los motores turborreactores necesitaban un flujo subsónico en la entrada, lo que requería tomas de aire diseñadas para desacelerar el flujo supersónico, a menudo usando rampas o difusores.

Los cazas supersónicos de la década de 1950 contribuyeron significativamente al avance de la aerodinámica de alta velocidad:

Teoría de alas en flecha: La introducción de alas en flecha y delta fue un avance clave para reducir la resistencia de onda y mejorar la estabilidad en el régimen supersónico. La teoría de alas en flecha se basó en estudios de Ludwig Prandtl y otros, que mostraron que el ángulo de flecha retrasa la formación de ondas de choque.

Tomas de aire supersónicas: Los cazas como el F-100 y el MiG-19 introdujeron tomas de aire con difusores para desacelerar el flujo a velocidades subsónicas antes de entrar al motor, un principio esencial para los turborreactores.

Regla del área: Desarrollada por Richard Whitcomb, esta regla establecía que la sección transversal del avión debía variar suavemente para minimizar la resistencia de onda, un concepto aplicado en el rediseño del F-102.

Los cazas supersónicos transformaron la guerra aérea en la década de 1950:

Interceptación: Aviones como el F-102 fueron diseñados para interceptar bombarderos enemigos a alta velocidad, un rol crítico en la Guerra Fría.

Combate aire-aire: La velocidad y maniobrabilidad de cazas como el MiG-19 dieron ventaja en enfrentamientos aéreos.

Reconocimiento: Los cazas supersónicos sirvieron como base para aviones de reconocimiento, como los derivados del F-100.

Proyección de poder: La capacidad de operar a $M > 1$ permitió a las superpotencias proyectar su influencia militar en conflictos regionales.

Los avances de esta década sentaron las bases para los desarrollos posteriores en la aviación supersónica:

Aviación comercial: Los conocimientos adquiridos con cazas como el F-100 influyeron en el diseño del Concorde y el Tupolev Tu-144, los primeros aviones comerciales supersónicos.

Aviones militares avanzados: Los cazas de la década de 1950 evolucionaron hacia diseños más sofisticados, como el F-4 Phantom II (M = 2.2) y el MiG-21 (M = 2).

Exploración hipersónica: La experiencia con flujos supersónicos preparó el camino para aviones como el SR-71 Blackbird (M = 3.2) y vehículos hipersónicos como el X-15 (M = 6.7).

Teoría aerodinámica: Los datos de vuelo y pruebas en túneles de viento de la década mejoraron los modelos de flujos compresibles, influyendo en la dinámica de fluidos computacional (CFD).

La década de 1950 fue un período transformador para la aerodinámica de alta velocidad, con el desarrollo de los primeros cazas supersónicos operacionales, como el F-100 Super Sabre y el MiG-19. Estos aviones superaron los desafíos de la compresibilidad, las ondas de choque y la estabilidad transónica, gracias a innovaciones en propulsión, diseño de alas y tomas de aire. Su legado perdura en la aviación moderna, desde los aviones comerciales supersónicos hasta los vehículos hipersónicos

Biblioteca Aeronáutica
aviación en simples pasos

Capítulo 2

Velocidad del sonido

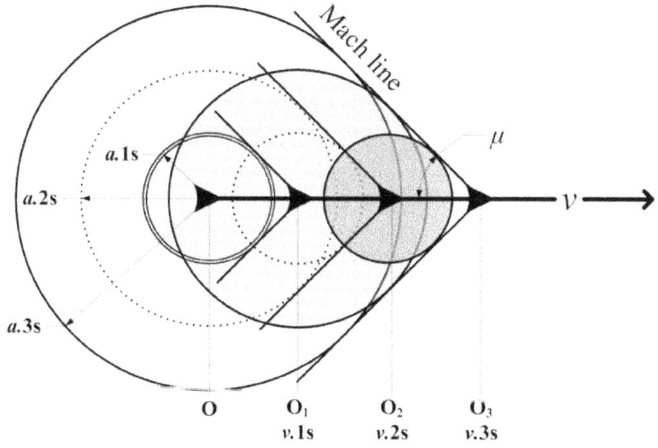

Biblioteca Aeronáutica
aviación en simples pasos

Introducción

Una onda sonora es una onda de presión, la cual es una onda longitudinal. Una onda de presión se desplaza en un medio a la velocidad del sonido. El medio puede ser un sólido, líquido, gas o una mezcla estos estados. Cualquier cambio en las propiedades del medio puede provocar un cambio en la velocidad del sonido. La siguiente tabla ejemplifica los valores de la velocidad del sonido en diferentes medios. Estos valores dependen de las propiedades del material, por ejemplo, este ejemplo se ha considerado con una temperatura específica. Cualquier modificación de esta, modificaría los resultados finales.

Velocidad del sonido en diferentes medios a 20°C

Medio	Velocidad
Aire	343
Aire a 0°C	331
Dióxido de Carbono	258
Agua	1480
Agua de Mar	1470
Kerosene	1451
Aluminio	5200
Titanio	6070

Una perturbación en las propiedades del aire se propagará a través de este a la velocidad del sonido en todas las direcciones. Por ejemplo, un pistón comprime el aire en un cilindro: la presión del aire aumenta en todas partes dentro del cilindro cuando se empuja el pistón. En este caso, la velocidad del movimiento del pistón es mucho menor que la velocidad del sonido, por lo que la onda de cambio de presión se propaga por todo el cilindro antes del próximo movimiento del pistón, y el aumento de la presión del aire dentro del cilindro es uniforme.

Velocidad del sonido en el aire

Una onda de sonido es una onda de presión (una perturbación de presión), y una onda de presión se propaga a la velocidad del sonido. En un sistema de gas, la densidad o la temperatura, o ambas, podrían cambiar si cambia la presión del sistema. Para establecer la relación entre la velocidad del sonido y las propiedades del aire, necesitamos configurar un sistema de flujo que simplemente muestre el cambio de presión del aire, densidad y temperatura cuando la perturbación atraviesa el sistema.

El sistema que utilizamos aquí es un sistema de aire uniforme unidimensional inicialmente; luego, se produce una perturbación de presión y esta onda de perturbación se propaga a la velocidad del sonido dentro de este sistema. Supongamos que un observador se encuentra en esta onda y viaja junto con ella. Para el observador, el aire fluye constantemente de un lado de la onda al otro a la velocidad de la onda (*v*) y se asume que la velocidad y las propiedades del aire cambian una vez que pasa a través de la onda, como se muestra aquí.

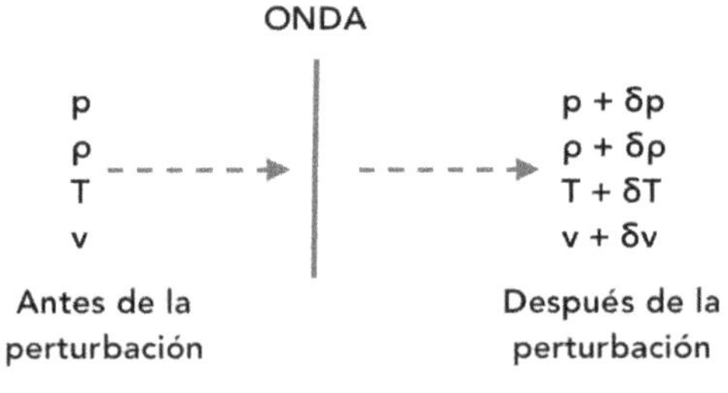

No hay intercambio de calor ni pérdida de masa cuando el flujo de aire atraviesa la onda, por lo que es un proceso adiabático, y la tasa de flujo de masa a través de la onda se puede expresar mediante los parámetros del flujo de aire en ambos lados de la onda. Por lo tanto, podemos utilizar la ecuación de continuidad (EC y la ecuación de Euler (EE) para este flujo estacionario unidimensional.

$$\text{EC:} \quad \rho v A = (\rho + \delta\rho)(v + \delta v)A$$

Donde A es el área del frente de onda, que es constante para el flujo de aire de ambos lados. La ecuación se transforma en:

$$\rho v = (\rho + \delta\rho)(v + \delta v) = C$$

Número de Mach

Cuando las partículas de aire se desplazan a una velocidad mayor que la velocidad del sonido, cualquier cambio en las propiedades del aire no podrá propagarse por todo el sistema de flujo de aire. La relación entre la velocidad del aire ***(v)*** y la velocidad local del sonido ***(a)*** indica qué tan cerca está la velocidad del aire de la velocidad del sonido. Esta relación es el número de Mach. Es adimensional y se denota como *M*. El número de Mach lleva el nombre de Ernst Mach (1838–1916), un físico y filósofo austriaco especializado en óptica y pionero en el estudio de la mecánica de fluidos supersónicos y las ondas de choque.

$$M = \frac{v}{a}$$

El número de Mach es un parámetro importante que indica las características de un flujo compresible de fluido a alta velocidad:

El flujo de aire es subsónico cuando $M < 1$. Las partículas de aire se desplazan a una velocidad menor que la velocidad local del sonido.

El flujo de aire es sónico si $M = 1$. Las partículas de aire se desplazan a la velocidad del sonido.

El flujo de aire es supersónico cuando $M > 1$. Las partículas de aire se desplazan a una velocidad mayor que la velocidad del sonido.

Cuando el flujo de aire relativo alrededor de un objeto, por ejemplo, una aeronave, es supersónico, la velocidad relativa del aire v es mayor que la velocidad del sonido, $v > a$. El objeto es la fuente del cambio en las propiedades del aire, por ejemplo, la presión del aire. La onda de presión se propaga a la velocidad del sonido, por lo que el cambio de presión siempre va detrás del objeto, como se muestra en esta figura:

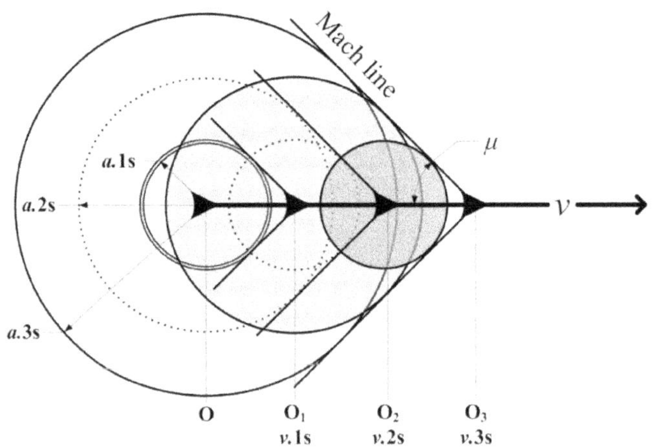

En la Figura, el objeto parte desde el punto "O" a una velocidad $v > a$. El objeto alcanza los puntos "O1", "O2" y "O3" después de haber viajado 1 segundo, 2 segundos y 3 segundos, respectivamente. La onda de perturbación de presión se propaga esféricamente desde el objeto a una velocidad del sonido, a.

Los frentes de onda están representados por los círculos. La onda de presión desde "O" alcanza el círculo de línea doble después de que el objeto viaja durante 1 segundo y llega a "O1". La distancia entre el punto O y el punto O1 es $v \cdot 1s$, y el radio del círculo de línea doble es $a \cdot 1s$.

Los círculos con líneas discontinuas son los frentes de onda de presión desde "O" y "O1" después de que el objeto viaja durante 2 segundos y llega a "O2". La distancia entre el punto O y el punto O2 es $v \cdot 2s$, y el radio del círculo discontinuo desde "O" es $a \cdot 2s$, y el radio del círculo discontinuo desde "O1" es $a \cdot 1s$.

Los círculos con una línea sólida son los frentes de onda de presión desde "O", "O1" y "O2" después de que el objeto viaja durante 3 segundos. La distancia entre el punto O y el punto O3 es $v \cdot 3s$. Los radios de los círculos de línea sólida desde "O", "O1" y "O2" son $a \cdot 3s$, $a \cdot 2s$, y $a \cdot 1s$, respectivamente.

Se puede trazar una línea tangente común desde el objeto hasta los círculos que representan los frentes de onda de presión en cualquier momento, y esa línea tangente común es una onda de Mach o línea de Mach. En el espacio tridimensional, las líneas de Mach forman una superficie que tiene forma de cono, denominada cono de Mach.

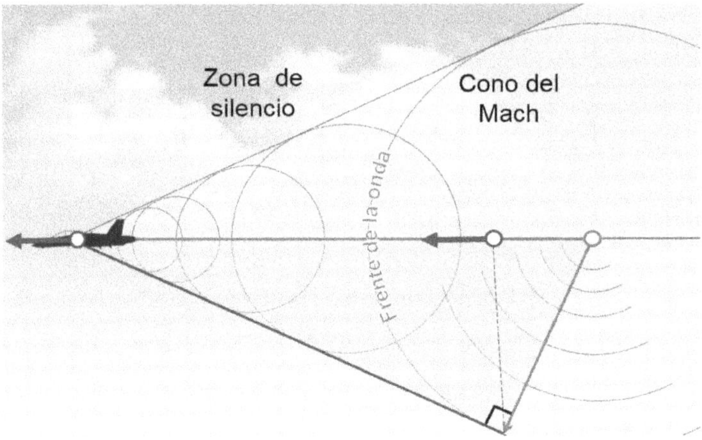

La perturbación de presión causada por el objeto solo puede propagarse dentro del cono de Mach, por lo que el exterior del cono de Mach se llama la “zona de silencio". Una de las maneras de experimentar la zona de silencio es cuando estás en un espectáculo aéreo militar y ves pasar un avión a reacción supersónico. No escucharías al avión acercarse, incluso si estuviera justo frente a ti, pero de repente podrías escuchar un fuerte sonido golpeando tus oídos después de que el avión te pasa, porque ahora estás en el cono de Mach causado por el avión. Antes de esto, estabas en la “zona de silencio" y no podías escuchar el ruido hecho por el avión.

Ondas de choque

Las ondas de choque se formarán cuando el flujo de aire se vuelva supersónico si hay perturbaciones de presión compresivas. Una onda de choque es un frente de onda acumulado, muy delgado, con menos de 1 mm de grosor. La presión del aire, la densidad y la temperatura aumentarán repentinamente después de una onda de choque. En un flujo de aire supersónico, $v > a$, si hay una fuente de perturbación de presión compresiva, la fuente de la perturbación (las partículas de aire) se desplaza más rápido que la perturbación o el cambio de presión. Debido a que el "cambio" nunca puede alcanzar a las partículas de aire, ya que estas se desplazan más rápido que la velocidad del sonido, las propiedades del aire no son uniformes y el "cambio" no es continuo en todo el sistema de flujo de aire. Por lo tanto, las perturbaciones generadas por el movimiento de la fuente se acumulan (o se construyen) para formar un frente de onda fuerte, y este frente de onda es una onda de choque. Hay tres tipos de ondas de choque:

Onda de choque normal: el frente de onda es perpendicular a la dirección del flujo de aire relativo (RA).

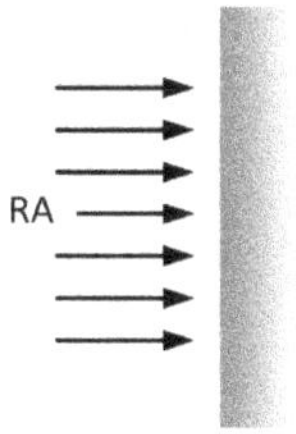

Onda de choque oblicua: el frente de onda no es perpendicular a la dirección del flujo de aire relativo (RA).

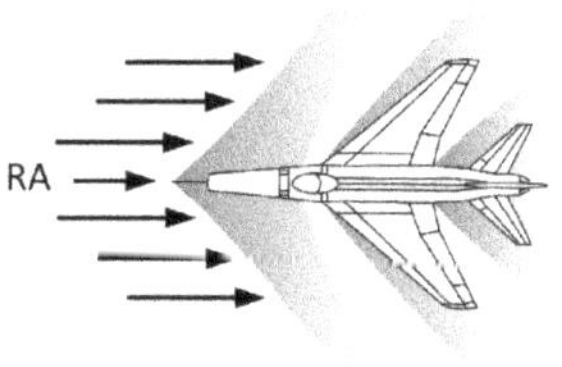

Onda de choque de arco (o bow shockwave): una combinación de onda de choque normal y onda de choque oblicua.

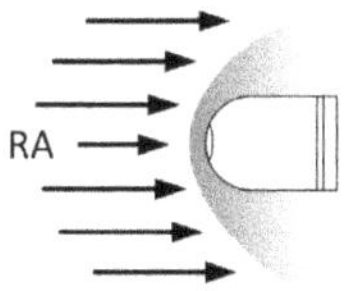

Cuando una onda de choque se propaga en el aire y hay cambios repentinos en las propiedades del aire, en particular, en la presión del aire, el cambio repentino de presión golpea cada objeto a lo largo de su camino, incluyendo los oídos de los observadores. Los oídos de los observadores experimentarán el cambio repentino de presión como un estruendoso sonido agudo, similar a una explosión de alta intensidad. Este golpe repentino se llama "sonic boom" (estallido sónico). Escucharemos un "sonic boom" al observar el vuelo de una aeronave supersónica pasando cerca y cuando se produce un crujido sónico.

Número de Mach especial

Un avión se desplaza a una velocidad en el aire, que suele llamarse velocidad verdadera del aire (TAS, por sus siglas en inglés). Esta velocidad verdadera del aire también se llama velocidad del aire en régimen libre.

Número de Mach en régimen libre: La relación entre la velocidad verdadera del aire, o velocidad del aire en régimen libre, y la velocidad del sonido en régimen libre. Sin embargo, la velocidad del flujo de aire alrededor de la aeronave no siempre es igual a la velocidad del aire en régimen libre y varía de un lugar a otro. Por ejemplo, la velocidad del aire local sobre una parte de la superficie superior del perfil alar suele ser mayor que la velocidad del aire en régimen libre, pero la velocidad del aire local debajo de la superficie inferior del perfil alar puede ser menor que la velocidad del aire en régimen libre.

Número de Mach local: La relación entre la velocidad local del aire (velocidad de las partículas de aire) alrededor de una aeronave y la velocidad local del sonido.

El número de Mach crítico: Es el número de Mach en régimen libre cuando un número de Mach local alcanza "1". Este número de Mach marca la primera vez que la velocidad local del aire (partículas) alcanza la velocidad del sonido. En otras palabras, cuando la velocidad local del aire se vuelve sónica en algún punto alrededor de la aeronave. Este punto es crítico porque marca la transición entre un flujo subsónico y un flujo supersónico en alguna región del flujo de aire alrededor de la aeronave.

El número de Mach en régimen libre de una aeronave se utiliza para clasificar los vuelos en tres categorías principales.

Vuelos subsónicos: El número de Mach en régimen libre de la aeronave es menor que su número de Mach crítico. El flujo de aire alrededor de la aeronave subsónica es siempre subsónico, es decir, la velocidad local del flujo de aire alrededor de una aeronave subsónica siempre es menor que la velocidad local del sonido. El flujo de aire se puede tratar como incompresible si la velocidad verdadera del aire de la aeronave es inferior a 250 kt (nudos), es decir, subsónica baja. De lo contrario, el flujo de aire alrededor de la aeronave subsónica es compresible.

Vuelos transónicos: El número de Mach en régimen libre de la aeronave es mayor que su número de Mach crítico y menor que aproximadamente 1.2. El flujo de aire alrededor de aeronaves transónicas puede ser tanto subsónico como supersónico, incluso cuando el número de Mach en régimen libre es menor que 1. El aire definitivamente es compresible, y las ondas de choque pueden formarse en perfiles alares y en otras partes del cuerpo de la aeronave.

Vuelos supersónicos: El número de Mach en régimen libre de la aeronave es mayor que 1.2. Esto también se llama hipersónico si el número de Mach en régimen libre de cualquier objeto en movimiento es mayor que 5 o 6. El flujo de aire alrededor de la aeronave supersónica es generalmente supersónico, excepto en el flujo de aire detrás de una onda de choque normal y dentro de las capas límites. El aire es altamente compresible, y el calentamiento cinético es una preocupación significativa debido al cambio de velocidad del flujo de aire alrededor de aeronaves supersónicas.

Medición del Número de Mach

El número de Mach se monitorea durante el vuelo. Requiere información sobre la velocidad del aire (TAS) y la temperatura a la altitud en la que se encuentra la aeronave para obtener el número de Mach de la aeronave. Una onda de choque normal se formará en el borde de ataque del tubo de Pitot o en una sonda que mide la presión total del flujo de aire si la velocidad del flujo de aire supera la velocidad del sonido. El método para obtener el número de Mach es diferente para aeronaves en diferentes rangos de vuelo debido a las características aerodinámicas en ese rango.

Para los vuelos en el rango subsónico bajo, el flujo de aire alrededor de la aeronave se puede tratar como un flujo de fluido incompresible. Un Machímetro obtiene el número de Mach utilizando la relación de la presión dinámica y la presión estática. La presión dinámica es igual a la presión total menos la presión estática según la ecuación de Bernoulli.

Cuando la velocidad del aire es mayor a 250 kt, no se puede tratar al aire como incompresible. La densidad del aire ambiente en el lugar donde se mide la presión estática es diferente de la densidad de estancamiento. La expresión no será correcta para el flujo de aire compresible. Un tubo de Pitot en un flujo de aire compresible aún puede producir la diferencia de presión entre la presión de aire total y la presión de aire estática El flujo de aire dentro del tubo de Pitot debe satisfacer la ecuación de energía cuando el flujo de aire alcanza el estancamiento, que es un proceso adiabático (isentrópico).

Por otra parte, cuando un tubo de Pitot está en un flujo de aire supersónico, se formará una onda de choque normal frente a él, midiendo la presión total o de estancamiento. La energía del flujo de aire disminuirá después de pasar a través de la onda de choque, y el proceso no es reversible (no isentrópico). La siguiente figura muestra una onda de choque de arco formada frente a un tubo de Pitot en funcionamiento. La abertura del tubo de Pitot debe estar detrás de la parte normal de la onda de choque de arco, de modo que la presión de estancamiento (o total) medida por el tubo de Pitot sea la presión de estancamiento después de la onda de choque. La presión estática del flujo libre y la presión total detrás de la onda de choque normal frente al tubo de Pitot se pueden medir.

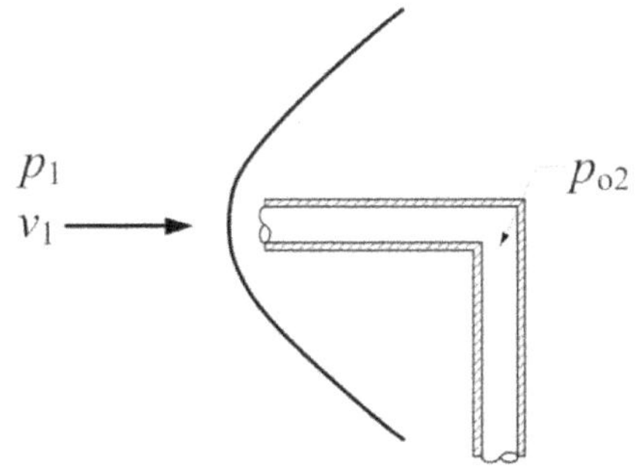

Aplicación del Número de Mach

La visualización de datos de vuelo en una cabina de pilotos suele extraer información de un parámetro específico de diferentes fuentes de detección. Por ejemplo, la velocidad verdadera del aire (TAS) puede mostrarse en varias pantallas con señales de diferentes tubos de Pitot, y la altitud (ALT) se puede obtener a partir de un sensor de altitud, así como de información GPS. A veces, los valores de un parámetro específico de diferentes fuentes pueden no coincidir entre sí.

Como se discutió anteriormente, el número de Mach es la relación entre la TAS y la velocidad del sonido; la velocidad del sonido es una función de la temperatura; y la temperatura del aire es una función lineal de la altitud en la troposfera según la ISA (Atmósfera Estándar Internacional). Los pilotos pueden realizar un cruce de verificación para eliminar el valor incorrecto utilizando el principio del número de Mach.

Monitorear el número de Mach durante el vuelo, cuando la aeronave está ascendiendo, descendiendo o inclinándose, puede aumentar la conciencia del piloto sobre un cambio en la velocidad verdadera del aire (TAS). Por ejemplo, si el número de Mach de una aeronave es constante mientras asciende, el piloto debería darse cuenta de que la TAS de la aeronave está disminuyendo porque la temperatura ambiente disminuye y la velocidad local del sonido también disminuye.

Entonces, el número de Mach constante le indica al piloto que la TAS está disminuyendo. El piloto debe asegurarse de que la aeronave no disminuya demasiado su TAS, especialmente si está cerca de su límite de baja velocidad.

Efectos de la Velocidad del Sonido y el Número de Mach en el Diseño Aeronáutico

El número de Mach influye directamente en el diseño de aeronaves y sistemas de propulsión:

Diseño de alas

En el régimen subsónico ($M < 0.8$), las alas pueden ser más gruesas y con mayor curvatura (camber) para maximizar la sustentación.

En el límite transónico (M 0.8-1.2), se utilizan perfiles supercríticos con curvatura reducida en el extradós para retrasar la formación de ondas de choque.

En regímenes supersónicos ($M > 1.2$), las alas son más delgadas y a menudo en delta o con flecha pronunciada para minimizar la resistencia de onda.

Tomas de aire

En aviones subsónicos, las tomas de aire son simples, diseñadas para proporcionar un flujo uniforme al motor.

En aviones supersónicos, las tomas deben desacelerar el flujo a velocidades subsónicas antes de entrar al motor, utilizando geometrías complejas como rampas o conos.

Resistencia y sustentación

La resistencia aumenta significativamente cerca de M = 1 debido a la divergencia de resistencia, lo que requiere optimizaciones aerodinámicas. La sustentación se ve afectada por la compresibilidad, especialmente en el régimen transónico.

Variantes ambientales y su impacto

La velocidad del sonido y el número de Mach dependen de las condiciones ambientales, lo que tiene implicaciones prácticas:

Altitud: La disminución de la temperatura con la altitud reduce (a), lo que aumenta (M) para una misma velocidad absoluta. Por ejemplo, un avión que vuela a 250 m/s a nivel del mar (M 0.74) tendrá un número de Mach mayor a 10 km de altitud (M 0.85).

Humedad: Aunque el aire húmedo tiene una densidad ligeramente menor, el efecto sobre (a) es mínimo en condiciones típicas.

Condiciones extremas: En regímenes hipersónicos o durante la reentrada atmosférica, las altas temperaturas pueden causar disociación molecular, alterando \gamma y, por ende, (a).

El número de Mach y la velocidad del sonido son fundamentales en varias aplicaciones aeronáuticas:

Aviación comercial: Aviones como el Boeing 787 operan a M = 0.85, cerca del límite transónico, utilizando perfiles supercríticos para minimizar la resistencia.

Aviación militar: Cazas como el F-16 (M \ 2) o el SR-71 Blackbird (M \ 3.2) operan en regímenes supersónicos, donde el diseño está dominado por el número de Mach.

Vehículos espaciales: Durante la reentrada atmosférica, cápsulas como la Dragon de SpaceX alcanzan M > 20, enfrentando efectos térmicos extremos.

Sonic boom: En flujos supersónicos, el número de Mach determina la intensidad del "sonic boom", un desafío para el diseño de aviones supersónicos comerciales.

La velocidad del sonido y el número de Mach son pilares de la aerodinámica, definiendo los regímenes de flujo y guiando el diseño de aeronaves y vehículos espaciales. Comprender cómo la velocidad del sonido varía con las condiciones ambientales y cómo el número de Mach afecta el comportamiento del flujo es esencial para abordar los desafíos de la aerodinámica de alta velocidad.

Capítulo 3

Flujo de aire compresible

Introducción

El aire es naturalmente un fluido compresible, especialmente cuando la velocidad del aire es superior a 250 kt. La suposición de aire incompresible es simple y fácil de usar en el análisis del flujo de aire en aerodinámica básica o de baja velocidad, pero introduce diferencias significativas entre el análisis teórico y la realidad cuando la velocidad del flujo de aire es relativamente alta, cercana a la velocidad del sonido, por lo que esta suposición ya no es válida. Con el fin de comprender las características fundamentales del flujo de aire compresible, que se ajusta al propósito de la aplicación del transporte aéreo, este capítulo considera el flujo de aire unidimensional siguiendo sus líneas de corriente. Para analizar la relación entre la velocidad del flujo de aire y las propiedades del aire, utilizamos un conjunto de ecuaciones matemáticas para describir el estado del aire y el movimiento, así como el cambio de energía del flujo de aire.

La compresibilidad se refiere a la capacidad de un fluido, como el aire, para cambiar su densidad (\rho) bajo la influencia de variaciones en presión ((p)) y temperatura ((T)). En la aerodinámica de baja velocidad (M < 0.3, donde M = V/a es el número de Mach, (V) es la velocidad del flujo y (a) es la velocidad del sonido), el aire puede considerarse aproximadamente incompresible, con una densidad constante. Sin embargo, a velocidades cercanas o superiores a la velocidad del sonido (M \geq 0.3), los cambios en densidad se vuelven significativos, afectando las propiedades del flujo y las fuerzas aerodinámicas. La compresibilidad del aire está relacionada con la ecuación de estado para un gas ideal:

$$p=\rho RT$$

Donde R = 287 es la constante específica de los gases para el aire, y \gamma \approx 1.4 es el índice adiabático. Esta ecuación muestra que la presión, la densidad y la temperatura están interconectadas, y los cambios en una variable afectan a las demás, especialmente en flujos de alta velocidad. La velocidad del sonido, que define el número de Mach, depende directamente de la compresibilidad del aire:

$$a = \sqrt{\gamma R T}$$

A medida que (M) aumenta, los efectos de compresibilidad dominan, dando lugar a fenómenos como ondas de choque, expansiones y calentamiento aerodinámico, que son fundamentales en la aerodinámica de alta velocidad.

Efectos de la compresibilidad en los Regímenes de Flujo

La compresibilidad del aire determina cómo el flujo se comporta en diferentes regímenes, definidos por el número de Mach:

Subsónico (M < 0.8): A bajas velocidades (M < 0.3), los cambios en densidad son insignificantes (menos del 5%), y el flujo puede modelarse como incompresible. A medida que (M) se acerca a 0.8, los efectos de compresibilidad se notan, especialmente en regiones de flujo acelerado (por ejemplo, sobre el extradós de un ala), donde la densidad disminuye localmente.

Transonico (0.8 < M < 1.2): En este régimen, el flujo presenta regiones subsónicas y supersónicas simultáneamente. La compresibilidad genera ondas de choque locales, aumentando la resistencia (fenómeno conocido como **divergencia de resistencia**) y afectando la sustentación.

Supersónico (1.2 < M < 5): El flujo es completamente compresible, con ondas de choque bien definidas que causan cambios abruptos en presión, densidad y temperatura. La compresibilidad domina el diseño aerodinámico, requiriendo formas esbeltas y alas en flecha.

Hipersónico (M > 5): A velocidades extremas, la compresibilidad se combina con efectos térmicos y químicos, como el calentamiento aerodinámico y la disociación molecular, que alteran las propiedades del aire (por ejemplo, \gamma puede variar debido a la ionización).

Fenómenos Asociados a la Compresibilidad

La compresibilidad del aire da lugar a varios fenómenos críticos en la aerodinámica de alta velocidad:

Ondas de choque: En regímenes transónicos y supersónicos, la compresibilidad provoca discontinuidades abruptas en las propiedades del flujo, conocidas como ondas de choque. Estas ondas aumentan la presión, densidad y temperatura, mientras reducen la velocidad del flujo. Las relaciones de Rankine-Hugoniot describen los cambios a través de una onda de choque normal:

$$\frac{\rho_2}{\rho_1} = \frac{u_1}{u_2} = \frac{(\gamma + 1)M_1^2}{2 + (\gamma - 1)M_1^2}$$

$$\frac{p_2}{p_1} = 1 + \frac{2\gamma}{\gamma + 1}(M_1^2 - 1)$$

Expansiones: En flujos supersónicos, la compresibilidad permite expansiones isentrópicas (por ejemplo, expansiones de Prandtl-Meyer) cuando el flujo se acelera alrededor de una esquina convexa, reduciendo la presión y densidad.

Calentamiento aerodinámico: En regímenes hipersónicos, la compresibilidad convierte la energía cinética en energía térmica, elevando las temperaturas a miles de grados Kelvin. Esto es crítico durante la reentrada atmosférica, donde se requieren sistemas de protección térmica (TPS).

Disociación e ionización: A $M > 5$, las altas temperaturas inducidas por la compresibilidad causan la disociación de moléculas de oxígeno (O2 - 2O) y nitrógeno (N2 - 2N), e incluso ionización (O, O+, E-), alterando las propiedades termodinámicas del aire.

Implicaciones para el Diseño Aeronáutico

La compresibilidad del aire tiene profundas implicaciones en el diseño de aeronaves:

Perfiles alares: En regímenes subsónicos, se usan perfiles gruesos con mayor curvatura para maximizar la sustentación. En el régimen transónico, se emplean perfiles supercríticos con curvatura reducida en el extradós para retrasar la formación de ondas de choque. En regímenes supersónicos e hipersónicos, los perfiles son delgados para minimizar la resistencia de onda.

Alas en flecha: La flecha del ala reduce el número de Mach efectivo retrasando los efectos de compresibilidad.

Tomas de aire: En aviones supersónicos, las tomas deben desacelerar el flujo compresible a velocidades subsónicas para los motores, utilizando geometrías como rampas o conos.

Materiales: En regímenes hipersónicos, la compresibilidad genera calentamiento extremo, requiriendo materiales como cerámicas o ablativos para soportar temperaturas elevadas.

La compresibilidad del aire es crítica en:

Aviación comercial: Aviones como el Airbus A320 operan a M = 0.78-0.85, donde los efectos de compresibilidad requieren perfiles supercríticos y alas en flecha.

Aviación militar: Cazas supersónicos como el F-22 (M \approx 2) están diseñados para minimizar la resistencia de onda inducida por la compresibilidad.

Vehículos espaciales: Durante la reentrada atmosférica, cápsulas como la Orion enfrentan flujos hipersónicos ($M > 20$), donde la compresibilidad genera calentamiento extremo y efectos químicos.

Túneles de viento: La compresibilidad afecta el diseño de túneles de viento, que deben simular condiciones de flujo compresible para pruebas precisas.

Calentamiento Aerodinámico y Efectos Térmicos de la Compresibilidad

El calentamiento aerodinámico y los efectos térmicos asociados con la compresibilidad del aire son fenómenos críticos en la aerodinámica de alta velocidad, especialmente en regímenes supersónicos ($1.2 < M < 5$) e hipersónicos ($M > 5$). A medida que un vehículo se mueve a velocidades cercanas o superiores a la del sonido, la compresibilidad convierte la energía cinética del flujo en energía térmica, generando temperaturas extremas que afectan tanto el diseño estructural como el rendimiento aerodinámico. El calentamiento aerodinámico ocurre cuando la energía cinética de un flujo de aire a alta velocidad se convierte en energía térmica debido a la compresibilidad. En flujos compresibles, las moléculas de aire se comprimen y desaceleran en regiones como ondas de choque o puntos de estancamiento, aumentando la temperatura del flujo. Este fenómeno es especialmente relevante en:

Regímenes supersónicos: Las temperaturas pueden alcanzar cientos de grados Celsius, afectando materiales como el aluminio.

Regímenes hipersónicos: Las temperaturas pueden superar los 2000 K, causando disociación molecular e ionización, lo que altera las propiedades termodinámicas del aire.

Aplicaciones prácticas: Aviones supersónicos (por ejemplo, SR-71 Blackbird), vehículos de reentrada (por ejemplo, Space Shuttle), y misiles hipersónicos enfrentan desafíos térmicos extremos.

El calentamiento aerodinámico está directamente relacionado con el número de Mach (M = V/a), ya que la energía cinética del flujo aumenta con el cuadrado de la velocidad. La compresibilidad juega un papel clave, ya que las variaciones en densidad, presión ((p)) y temperatura ((T)) son significativas en flujos de alta velocidad.

El calentamiento aerodinámico surge de varios procesos físicos relacionados con la compresibilidad:

Compresión del flujo: En regiones como ondas de choque o puntos de estancamiento, el flujo se desacelera abruptamente, convirtiendo energía cinética en energía interna y aumentando la temperatura. Esto se describe mediante la ecuación de conservación de energía.

Fricción viscosa: En la capa límite, la viscosidad del aire genera calor por disipación, especialmente en flujos turbulentos a alta velocidad.

Efectos químicos: A temperaturas extremas, las moléculas de aire se disocian o ionizan, absorbiendo o liberando energía y alterando las propiedades del flujo.

Transferencia de calor: El calor generado en el flujo se transfiere al vehículo mediante conducción, convección y radiación, afectando la estructura.

El calentamiento aerodinámico y los efectos térmicos de la compresibilidad son desafíos fundamentales en la aerodinámica de alta velocidad, que limitan el diseño de aeronaves supersónicas, hipersónicas y vehículos de reentrada.

La conversión de energía cinética en energía térmica, amplificada por ondas de choque y efectos químicos como la disociación y la ionización, requiere materiales avanzados, sistemas de protección térmica y diseños aerodinámicos optimizados. El calentamiento aerodinámico impone restricciones significativas en el diseño de aeronaves y vehículos espaciales:

Materiales

Supersónico: Aleaciones de aluminio para aviones como el Concorde.

Hipersónico: Titanio y aleaciones de níquel para aviones como el SR-71. Materiales cerámicos y compuestos ablativos para cápsulas de reentrada como el Space Shuttle.

Sistemas de Protección Térmica (TPS)

Ablativos: Materiales que se vaporizan, disipando calor (usados en cápsulas Apollo).

Refractarios: Baldosas cerámicas (usadas en el Space Shuttle).

Refrigeración activa: Sistemas de enfriamiento líquido para vehículos hipersónicos experimentales.

Diseño aerodinámico

Narices romas para reducir la densidad del flujo en puntos de estancamiento, disminuyendo el calentamiento (por ejemplo, cápsulas de reentrada).

Alas en delta o perfiles delgados para minimizar la resistencia de onda y el calentamiento en bordes de ataque.

Tomas de aire: Diseñadas para manejar flujos calientes, usando materiales resistentes al calor.

El SR-71 Blackbird usaba titanio para soportar temperaturas de hasta 300°C a M = 3.2. Su fuselaje se expandía varios centímetros durante el vuelo debido al calentamiento, requiriendo juntas de dilatación.

Capítulo 4

Aerodinámica en vuelos subsónicos

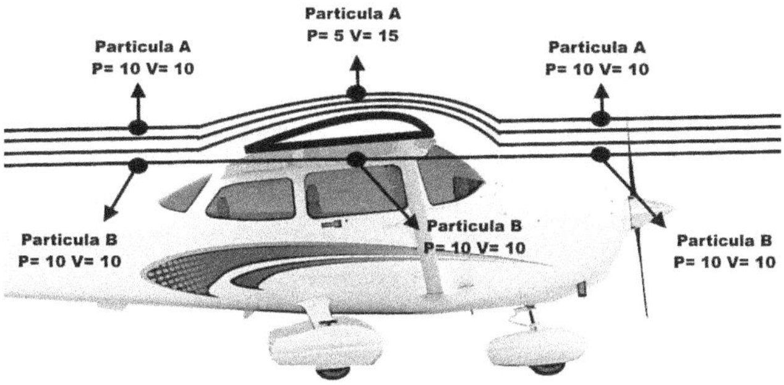

Introducción

Aunque la aerodinámica de alta velocidad se centra principalmente en regímenes transónicos, supersónicos e hipersónicos, comprender la aerodinámica en vuelos subsónicos (M < 0.8) es fundamental para establecer una base sólida antes de abordar los fenómenos más complejos de flujos compresibles. En el contexto de un libro sobre aerodinámica de alta velocidad, este capítulo sirve como un punto de partida crítico, ya que muchos principios de la aerodinámica subsónica son esenciales para entender cómo evolucionan los fenómenos cuando las velocidades se acercan o superan la velocidad del sonido. Este capítulo explora exhaustivamente los fundamentos de la aerodinámica subsónica, incluyendo las ecuaciones gobernantes, las características del flujo, las fuerzas aerodinámicas, el diseño de perfiles alares y los efectos de la compresibilidad en el límite superior del régimen subsónico (M \approx 0.8).

Teorema de Bernoulli

En su teorema, Daniel Bernoulli (1700 – 1782) demostró que "la presión interna de un fluido (líquido o gas) decrece a medida que la velocidad del fluido se incrementa", generando así un valor constante. Dicho de otra forma en un fluido en movimiento, la suma de la presión y la velocidad en un punto cualquiera permanece constante, pudiendo variar sus valores independientes. Analicemos mas de cerca este concepto:

Presión y Velocidad: Toda partícula de aire esta dotada de presión y velocidad. La presión y la velocidad son opuestas. Si una partícula aumenta su velocidad, disminuirá su presión, y al contrario, pero de modo que la suma de ambas sea siempre constante, según lo describe Bernoulli. Veamos unos ejemplos:

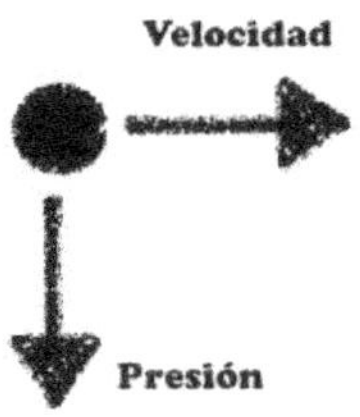

PRESION + VELOCIDAD = CONSTANTE

Imagina que la partícula **A** tiene una Presión de 5 y una velocidad de 10, dando una constante de 15.

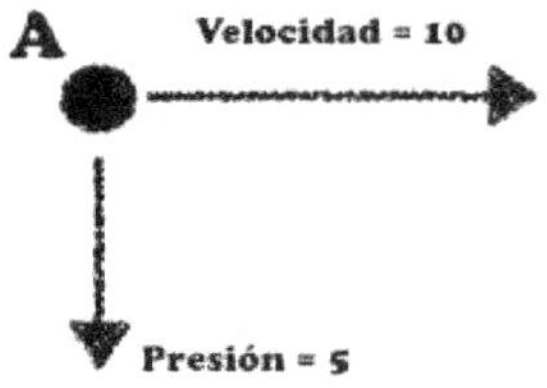

P + V = 5 + 10 = 15

Según Bernoulli, si por algún motivo, la partícula **A** aumenta su velocidad, al mismo tiempo, disminuirá su presión, para mantener constante el valor resultante inicial.

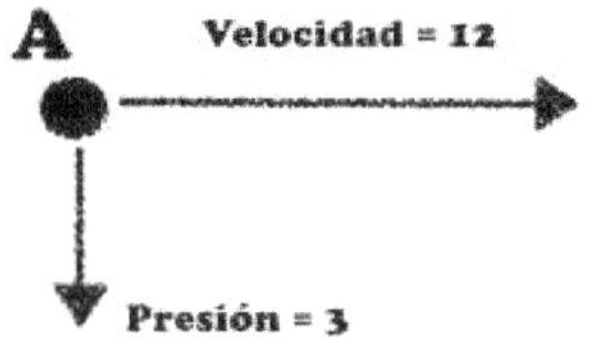

P + V = 3+ 12 = 15

Por el contrario, si por algún motivo, la partícula **A** aumenta su presión, al mismo tiempo, disminuirá su velocidad para mantener el valor constante, siendo:

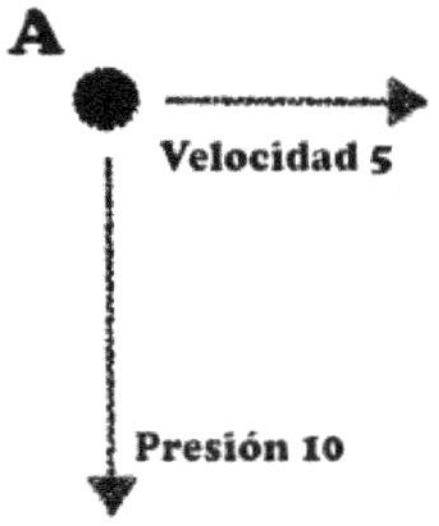

P + V = 10 + 5 = 15

El Teorema de Bernoulli, enunciado más rigurosamente establece que la suma de la presión estática debido al peso, y la presión dinámica debida a la velocidad, deben ser siempre constantes, llamándose a esta constante presión total. **Pe + Pd = Pt.**

El descubrimiento que había presentado Daniel Bernoulli fue revolucionario para su época, en tal medida que fue puesto aprueba y fue un físico italiano quien demostró la veracidad de Bernoulli y su teorema. Giovanni Battista Venturi fue el encargado de plasmar el teorema de Bernoulli a un ejemplo practico y cotidiano, creando el conocido "Tubo Venturi" y demostrando que el "Efecto Venturi" guardaba relación con el teorema de Bernoulli.

Efecto Venturi

Giovanni Battista Venturi (1746–1822) planteó que el estrechamiento en una sección de un tubo, funcionaría como un objeto que se interpone en la corriente libre de un fluido y dentro de dicho tubo se generarían una diferencias entre variables de presión y velocidad pero manteniendo una constante, tal como lo había descripto Bernoulli.

Las partículas de un fluido que pasan por un estrechamiento aumentan su velocidad y, por tanto, disminuyen su presión. Veamos el siguiente gráfico:

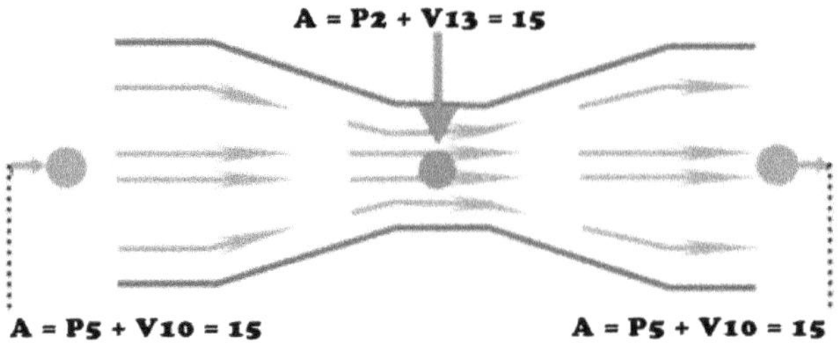

Cómo se observa en este gráfico, la presión de la partícula A tiene un valor de 5 y su velocidad un valor de 10, representando una constante de 15. Al continuar su recorrido, se encuentra con un estrechamiento (objeto en su corriente libre) que produce una disminución de la presión a 2 y por consiguiente un aumento de la velocidad a 13, manteniendo su valor inicial constante.

Siguiendo el concepto de Bernoulli y Venturi, pero cambiando el cuerpo que se introduce en una corriente de aire por un perfil aerodinámico, la corriente de aire se deforma sobre la sección superior y genera un estrechamiento.

Ejemplo: se consideran dos partículas de aire que se mueven a una velocidad de 10 unidades y con una presión de 5 unidades, antes de la perturbación originada por el perfil, tal como se ve a continuación:

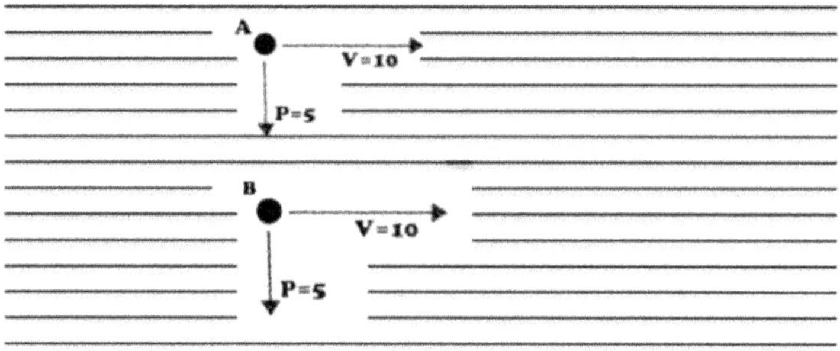

Las partículas A y B se mueven a una velocidad de 10 y presión de 5, ambos valores constantes, dentro de la corriente de aire libre de perturbaciones u objetos.

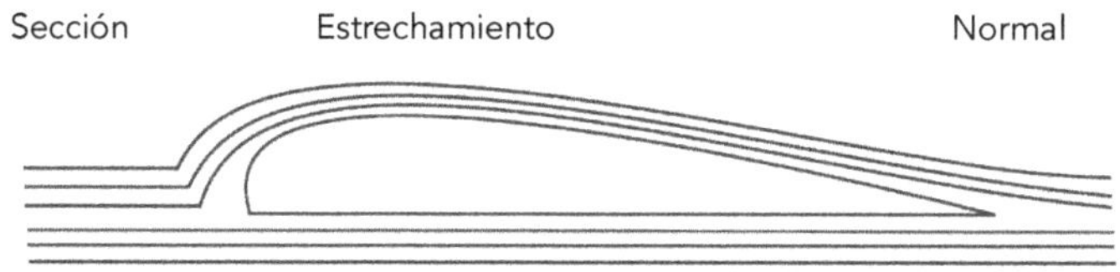

La presencia del perfil dentro de la corriente de aire produce un estrechamiento en la parte superior del perfil. La parte inferior, al ser recta, no modifica la corriente.

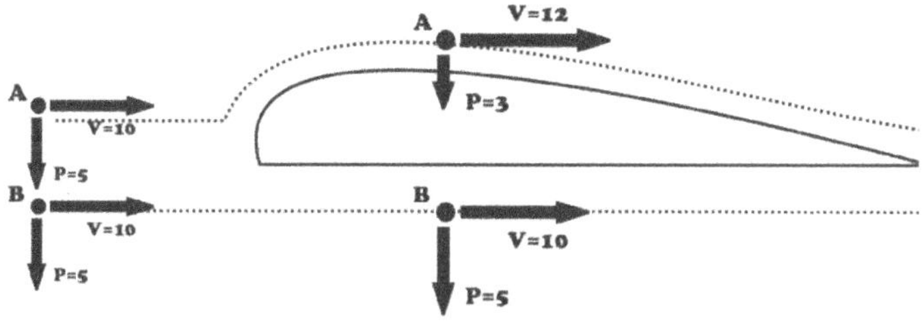

La partícula (A), al pasar por un estrechamiento, aumenta su velocidad a V=12 (efecto Venturi), y disminuye su presión a P = 3 (P + V = 15) para mantener el valor constante inicial de 15 (Efecto Bernoulli). La partícula (B), al no verse afectada por el perfil, permanece con sus valores V=10 y P=5 sin alteración alguna.

Como resultado se origina una disminución de presión entre ambas particular. La partícula (A) se apoya menos, ejerce menos presión, pesa menos que la partícula (B). De esta manera podría originarse una fuerza hacia arriba denominada "Fuerza Aerodinámica" conocida como "Sustentación".

En una aeronave, la deformación del perfil alar genera que la partícula de aire que pasa por encima del mismo, reduzca su presión y aumente su velocidad para mantener su valor constante inicial. Por otra parte, en la sección inferior del perfil no se presentan modificaciones de las partículas, manteniendo su estado original.

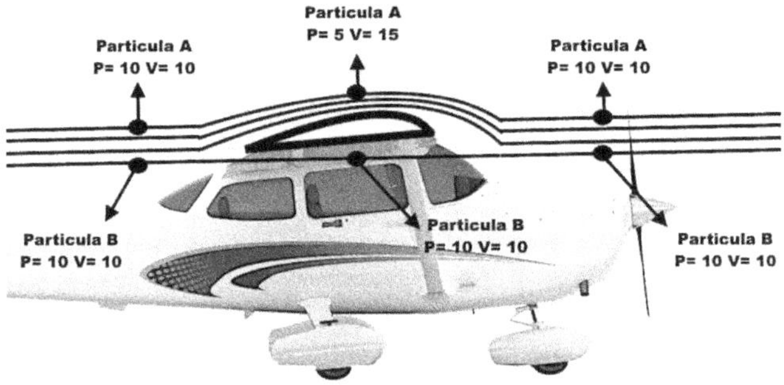

La partícula A presenta un valor de 20, con una presión de 10 y una velocidad de 10. La partícula B, presenta las mismas características. Ambas particular se encuentran con el perfil alar durante su recorrido. Mientras que la partícula B no modifica sus valores y mantiene una constante, la partícula

A presenta una modificación de la presión y la velocidad al enfrentarse a la parte superior del perfil a alar. Esta modificación en sus variables permite mantener el valor constante inicial al abandonar el perfil.

Fuerzas aerodinámicas

Cuando una aeronave esta en vuelo, se ve afectada por una serie de fuerzas que puede ayudar al vuelo o pueden reducir su capacidad. Existen cuatro fuerzas principales que actúan de manera constante mientas una aeronave esta en vuelo, son:

Estas cuatro fuerzas actúan en pares; la sustentación es opuesta al peso, y el empuje o tracción a la resistencia. Un avión o cualquier otro objeto, se mantiene estático en el suelo debido a la acción de dos fuerzas: su peso debido a la gravedad que lo mantiene en el suelo y la inercia o resistencia al avance que lo mantiene detenido. Para que el avión vuele sería necesario contrarrestar el efecto de estas dos fuerzas negativas, peso y resistencia, mediante otras dos fuerzas positivas de sentido contrario (Ley de Newton), sustentación y empuje, respectivamente. De esta forma, el empuje podrá superar a la resistencia que le impide al avión a avanzar, y la sustentación podrá superar el peso del avión manteniéndolo en el aire. Veamos en detalle cada una de estas cuatro fuerzas:

Sustentación: Es la fuerza desarrollada por un perfil aerodinámico moviéndose en una corriente de aire. Ejerce su fuerza de abajo arriba y su dirección es perpendicular al viento relativo, definido como la magnitud y dirección de las líneas de corriente de aire con sentido contrario al movimiento del perfil alar pero "No necesariamente perpendicular al horizonte". Se representar con la letra L por su traducción al ingles LIFT.

Peso: El peso es la fuerza de atracción gravitatoria sobre un cuerpo. Su dirección es perpendicular a la superficie de la tierra y su sentido es hacia abajo y posee una intensidad proporcional a la masa de dicho cuerpo. Esta fuerza, opuesta a la sustentación, es la que atrae al avión hacia la tierra y lo mantiene allí a menos que su fuerza opuest

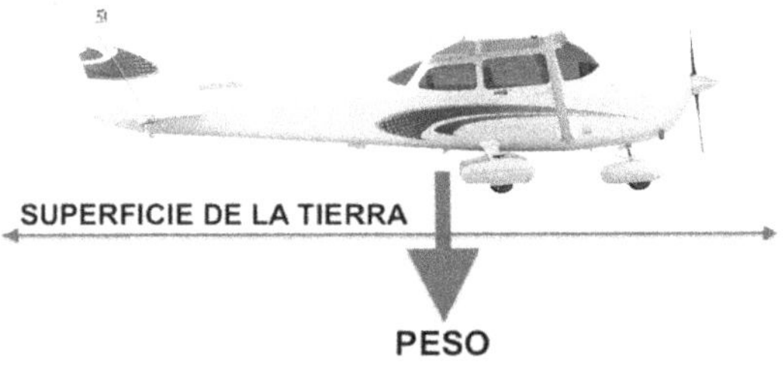

Tracción: Para vencer la inercia del avión parado, al igual que cualquier objeto detenido en la superficie, es necesaria una fuerza de "empuje" o "tracción" que genere en el objeto un movimiento constante par lograr desplazarlo, por la superficie en caso de un objeto carente de sustentación o bien por el aire en caso de un avión. Esta fuerza se obtiene acelerando una masa de aire a una velocidad mayor que la del objeto o avión. La reacción, de igual intensidad pero de sentido opuesto (3a ley de Newton), mueve el avión hacia adelante. En aviones de hélice, la fuerza de propulsión la genera la rotación de la hélice, movida por el motor y en reactores, la propulsión se logra por la expulsión violenta de los gases quemados por la turbina.

Esta fuerza de tracción es ejercida en la misma dirección a la que apunta el eje del sistema propulsor, el cual suele coincidir con el eje longitudinal del avión. Veamos:

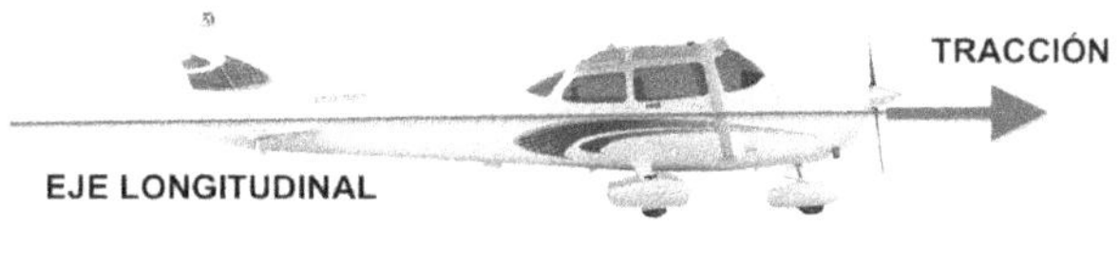

La capacidad de tracción que posee una aeronave se define como "Potencia" y esta depende de factores como: la forma y tamaño de la hélice, octanaje del combustible, densidad del aire, etc. La capacidad de tracción o potencia se mide en caballos de fuerza (HP), en motores convencionales y de kilos o libras de empuje en motores a reacción.

Resistencia: La resistencia es la fuerza que impide o retarda el movimiento de un avión. Actúa de forma paralela y en la misma dirección que el viento relativo.

Desde un punto de vista aerodinámico, cuando un ala se desplaza a través del aire, se presentan dos tipos de resistencias: por un lado la resistencia debido a la fricción del aire sobre la superficie del ala, y por otro lado, la resistencia por la presión propia de la partícula de aire oponiéndose al movimiento de un objeto.

Ambas resistencias crean una fuerza proporcional al área sobre la que actúan y al cuadrado de la velocidad. Una parte de la resistencia por presión, que produce un ala, depende de la cantidad de sustentación que ésta genera y se la denomina "Resistencia Inducida". A la suma del resto de resistencias por fricción en el resto de las superficies se la denomina "Resistencia Parásita". Ambas serán tema de estudio mas detallado en las páginas siguientes.

Interacción de las Cuatro Fuerzas

Habiendo conocido a estas cuatro fuerzas que actúan en nuestro vuelo, veamos ahora en que condición actuaría cada una de estas fuerzas, ya que existirá una determinada combinación de fuerza para cada actitud de vuelo. En el siguiente ejemplo, la tracción altera su valor y vence a su fuerza contraria la resistencia. Como consecuencia de esta variación de fuerzas, se producirá una aceleración, por el momento a altitud constante, ya que si continua aumentando su velocidad, también lo hará la sustentación y la aeronave comenzará a ascender.

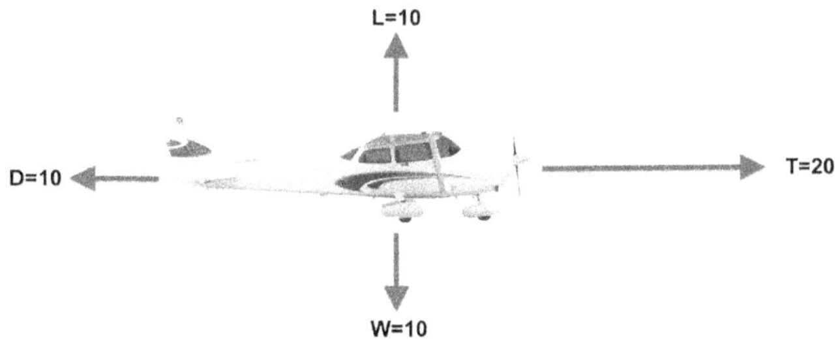

Posterior a un despegue normal, un avión se encuentra en aceleración y en ascenso continuo hasta tanto llegue el momento de la reducción de potenciay la nivelación de altitud. Considerando este escenario, las fuerzas quedarían representadas de la siguiente manera:

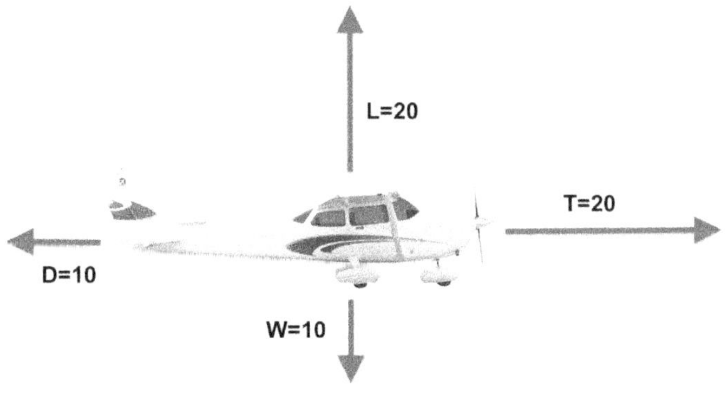

La sustentación sería mayor al peso **(L > W)** produciéndose un ascenso y la tracción sería mayor a la resistencia produciéndose una aceleración **(T > D)**.

Perfil Aerodinámico

Un perfil aerodinámico o perfil alar se considera la columna vertebral de un avión y guarda en sí el secreto del vuelo. Imaginemos que tomamos el ala de un avión y logramos quitar su cobertura, allí dentro encontraremos una gran cantidad de perfiles uno al lado de otro formando la estructura del ala, de la misma manera que cada costilla en el esqueleto humano. Veamos:

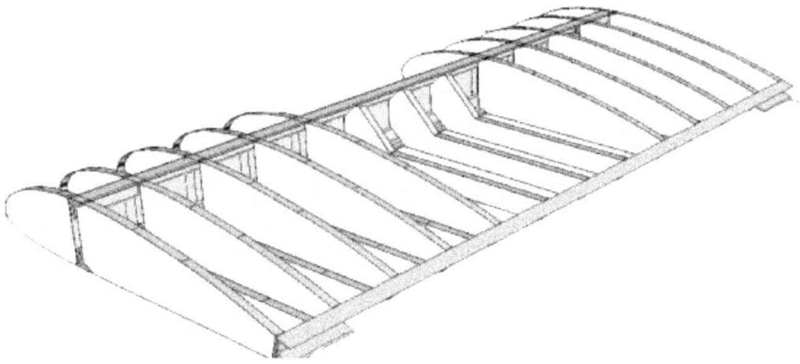

La sumatoria de una determinada cantidad de "costillas" o perfiles dentro de la estructura de un ala, definirán su envergadura. En esta segunda imagen vemos un ala completa, con todos sus perfiles unidos por los largueros o vigas internas en el ala que unifican a cada perfil formando la estructura completa del ala.

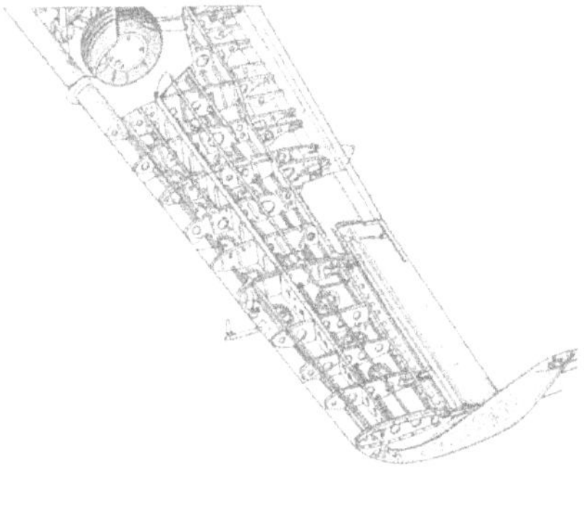

Ahora bien, habiendo entendido este concepto, pasemos a detallar las partes mas importantes de un "Perfil Alar" para luego entender su principio de funcionamiento.

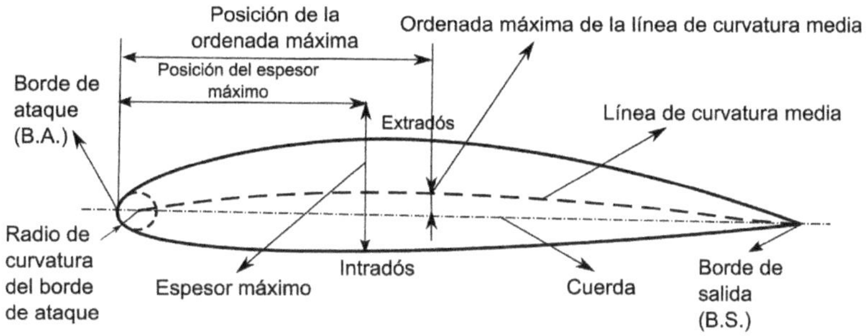

Borde de Ataque: Sección curva y frontal del perfil alar donde comienza el recorrido de las particular de aire al impactar con la superficie del ala. Es la zona de impacto directo con la corriente de aire, su forma y tamaño definen la capacidad de la partícula de aire de recorrer la superficie alar y generar sustentación. Si por alguna razón, por ejemplo formación de hielo, el borde de ataque se deforma, dificultaría el recorrido de la partícula de aire afectando a la sustentación hasta el punto donde la partícula sería incapaz de superar la deformidad y la aeronave podría entrar en pérdida.

Borde de salida: Sección final de la superficie alar donde el flujo de aire vuelve a la corriente libre luego de haber recorrido toda la superficie del perfil. Esta sección tiene la

particularidad de poder extenderse y agrandar la superficie alar por medio de dispositivos hipersustentadores como los FLAPS.

Intradós: Parte inferior del ala que cubre desde el borde de ataque hasta el borde de salida.

Extradós: Parte superior del ala que cubre desde el borde de ataque hasta el borde de salida.

Espesor: Distancia máxima entre el extradós y el intradós. Solo puede existir un espesor máximo para cada perfil.

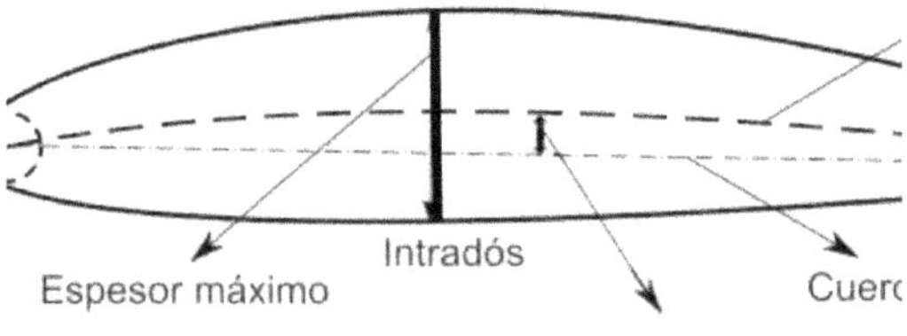

Cuerda: Se trata de una línea recta imaginaria que une los bordes de ataque y de salida. Es de suma importancia ya que, junto al viento relativo, es una de las dos variables a tener en cuenta para el calculo del ángulo de ataque.

Por otra parte la cuerda define el tamaño del perfil ya que en un ala pueden existir perfiles de diferentes tamaños con el fin de hacer mas angostas las puntas de las alas y así obtener un beneficio aerodinámico.

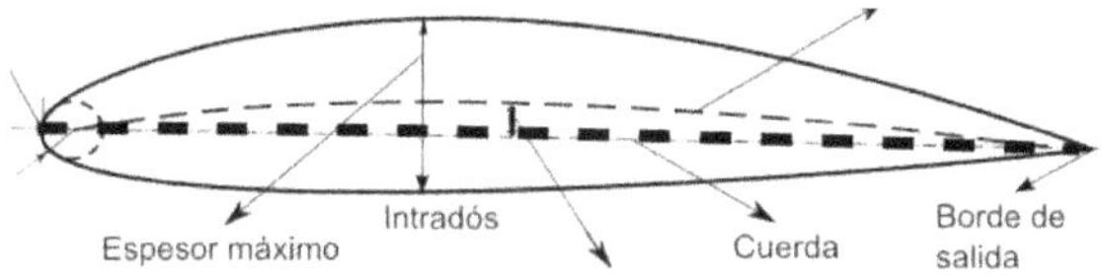

Perfiles NACA

Desde el primer perfil creado por los hermanos Wright, el diseño de estos ha ido evolucionando en diferentes formas según su función. Durante la primera guerra mundial se experimentaron diferentes variables de perfiles, la mayoría sin éxitos. Fue antes de la segunda guerra mundial donde los países mas avanzados en el tema (Alemania, Francia e Inglaterra) intentaron mejorar sus perfiles con el objeto de maximizar su poder de guerra. De todos los intentos, quienes obtuvieron mejores los resultados fueron los perfiles diseñados por NACA (National Advisory Commitee for Aeronautics) organismo antecesor de la actual NASA.

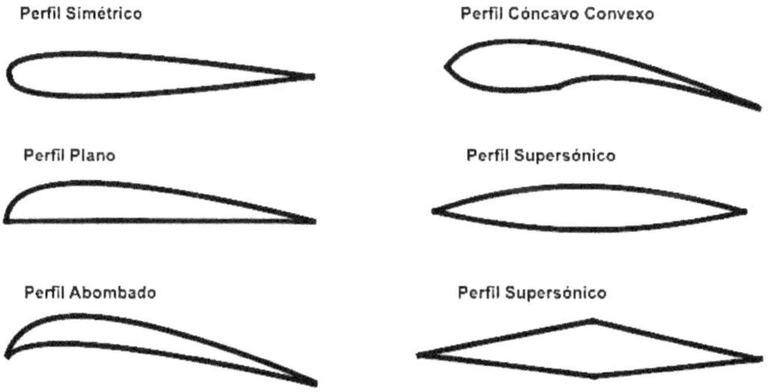

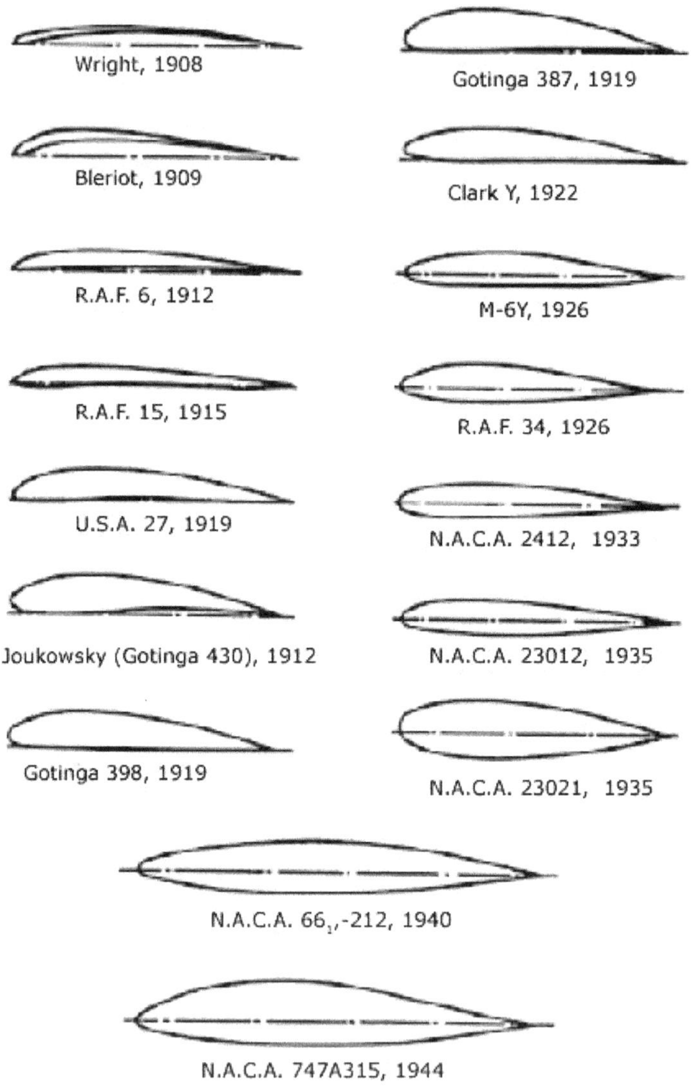
Wright, 1908
Gotinga 387, 1919
Bleriot, 1909
Clark Y, 1922
R.A.F. 6, 1912
M-6Y, 1926
R.A.F. 15, 1915
R.A.F. 34, 1926
U.S.A. 27, 1919
N.A.C.A. 2412, 1933
Joukowsky (Gotinga 430), 1912
N.A.C.A. 23012, 1935
Gotinga 398, 1919
N.A.C.A. 23021, 1935
N.A.C.A. 66_1,-212, 1940
N.A.C.A. 747A315, 1944

Capa Límite

Si consideramos al aire como un fluido, éste posee una determinada viscosidad que al encontrarse con un objeto (perfil alar) podría alterar su velocidad. Esta alteración a su velocidad se debe a la fricción con el objeto que se interpone en la corriente de aire libre. Considerando esto, podemos asumir que la variación de velocidad de la partícula de aire dependerá de su cercanía con el objeto. La distancia entre el objeto y la ultima partícula de aire de la corriente libre que no se ve afectada por la fricción se denomina "Capa Limite". Su definición técnica sería la siguiente:

"La capa límite se entiende como aquella en la que la velocidad del fluido respecto al sólido en movimiento varía desde cero hasta el 99% de la velocidad de la corriente no perturbada".

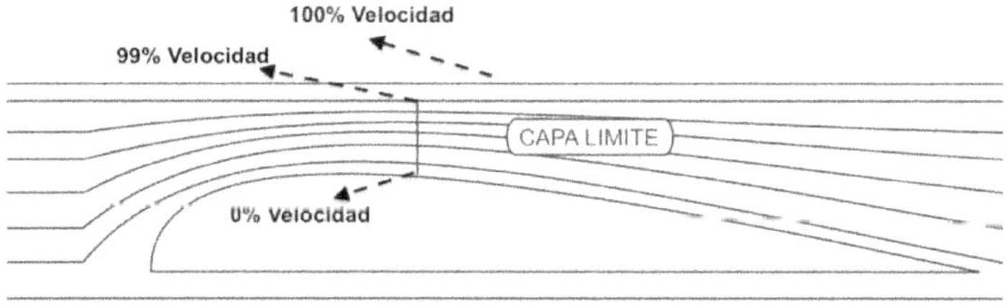

Tener claro este concepto es fundamental ya que la capa límite es uno de los fenómenos mas importantes en aerodinámica, al estar directamente relacionado con la resistencia. Veamos un ejemplo mas para dejar bien claro este concepto:

Imaginemos que estamos parados en un puente y vemos correr la corriente de agua del rio. Tenemos dos objetos flotantes en nuestras manos, decidimos tirar uno a mitad del rio y otro mas cercano a la orilla del mismo. La velocidad del primero será mayor a la velocidad del segundo objeto arrojado, debido a la viscosidad de la capa limite. El primer objeto flotante arrojado a mitad del rio se encontró en una corriente alejada del objeto que genera la fricción con el flujo, es decir el fondo del rio, mientras que el segundo objeto se encontró mas cercado a éste, disminuyendo su velocidad.

Imaginemos que el fondo del rio (objeto que interfiere la corriente libre) es el perfil aerodinámico.

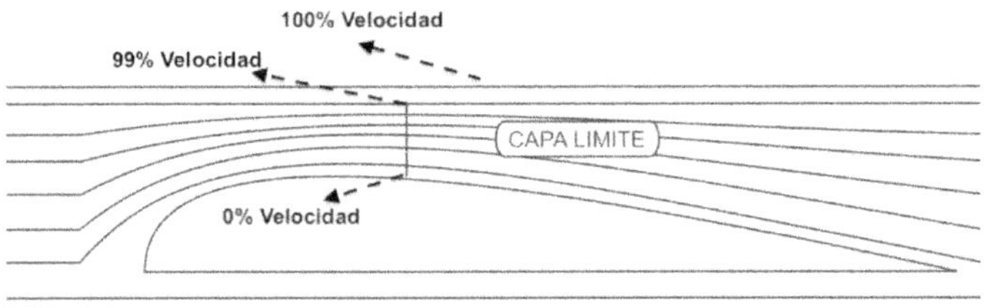

La velocidad de la corriente en la parte superior del perfil será mayor a la velocidad de la corriente en la parte inferior del perfil donde puede llegar hasta velocidad cero si se encuentra bien pegado a la superficie del mismo.

Habiendo entendido este concepto, podemos encontrar dos tipos de Capa Limite, una **"Capa Limite Laminar"** y una **"Capa Limite Turbulenta"**.

Capa Limite Laminar: Cuando el movimiento del aire dentro de la capa límite es en forma de capas paralelas, se la denomina laminar. En los puntos próximos al borde de ataque, la capa límite es laminar, conforme el aire se va moviendo alejándose del borde de ataque, las fuerzas de rozamiento disipan cada vez más energía de la corriente de aire, haciendo que el espesor de la capa límite aumente paulatinamente, hasta que a una cierta distancia del borde de ataque, la capa límite empieza a sufrir unas perturbaciones de tipo ondulatorio, que acarrean un aumento del espesor de la capa límite, y una destrucción de la corriente laminar que existía, pasando a ser turbulenta.

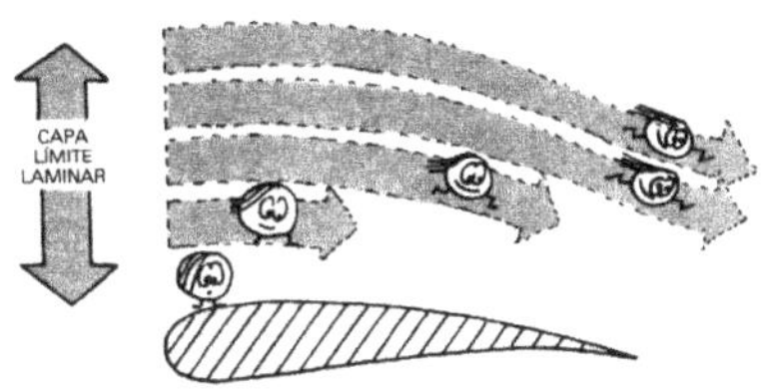

Capa Limite Turbulenta: Aquí las partículas ya no se mueven en capas paralelas, sino de una forma caótica. Las moléculas de aire pasan de una capa a otra, moviéndose en todas direcciones, de manera que el espesor de la capa límite y la velocidad de las partículas sufren un aumento considerable, al pasar de laminar a turbulenta.

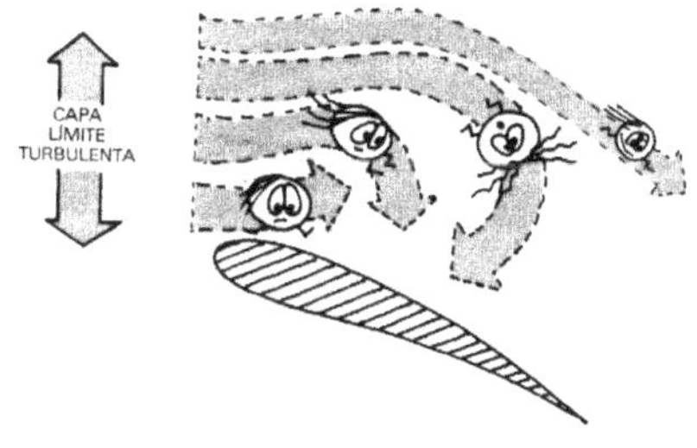

Esta transición de laminar a turbulenta depende del ángulo de ataque que presente el perfil. En un perfil con un AOA determinado existirán las dos clases de capa limite separadas por un punto determinado en el perfil llamado "Punto de Transición". Veamos:

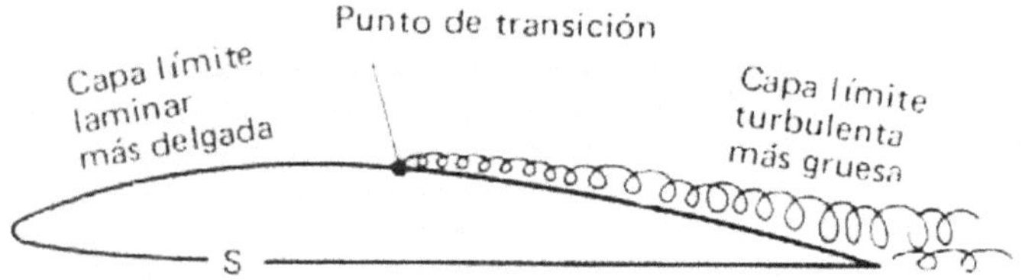

Este punto de transición va modificando su ubicación en función del AOA que presente el perfil aerodinámico. Veamos:

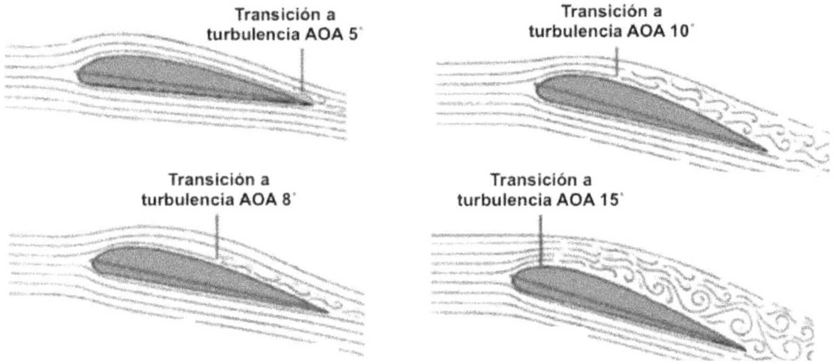

Efectos de la Compresibilidad en el Límite Subsónico

La aerodinámica subsónica, que abarca velocidades donde el número de Mach (M = V/a, donde (V) es la velocidad del objeto y (a) es la velocidad del sonido) es menor que 0.8, se caracteriza típicamente por tratar el aire como un fluido incompresible. Sin embargo, en el límite superior del régimen subsónico (M 0.6-0.8), los efectos de la compresibilidad comienzan

a manifestarse, alterando significativamente el comportamiento del flujo, las fuerzas aerodinámicas y el diseño de aeronaves. Este artículo, dirigido a estudiantes de ingeniería y lectores interesados en aerodinámica, explora los fundamentos de la compresibilidad en el límite subsónico, sus efectos en la sustentación y la resistencia, las correcciones necesarias para modelar el flujo y las implicaciones para el diseño de aviones modernos, como los jets comerciales que operan cerca de este régimen. Este tema es un puente crucial hacia la comprensión de la aerodinámica de alta velocidad, ya que marca la transición al régimen transónico.

En flujos subsónicos de baja velocidad (M < 0.3), el aire puede considerarse incompresible, lo que implica que la densidad (\rho) permanece constante, y las ecuaciones de Bernoulli y de continuidad simplificadas son válidas. Sin embargo, a medida que la velocidad aumenta hacia M 0.6-0.8, las variaciones en presión y temperatura inducen cambios en la densidad del aire, haciendo que los supuestos de incompresibilidad sean menos precisos. Este fenómeno, conocido como compresibilidad, afecta la distribución de presión, la generación de sustentación y resistencia, y puede incluso inducir la formación de ondas de choque locales en el límite superior del régimen subsónico.

Fenómenos Asociados a la Compresibilidad

A medida que el número de Mach se acerca a 0.8, varios fenómenos aerodinámicos comienzan a manifestarse:

Aceleración local del flujo: En un ala o superficie aerodinámica, el flujo puede acelerarse localmente debido a la curvatura del perfil (por ejemplo, en el extradós de un ala). Esto puede llevar a regiones donde el número de Mach local supera 1.0, incluso si el flujo libre es subsónico. Estas regiones supersónicas locales pueden generar ondas de choque débiles, aumentando la resistencia.

Aumento del coeficiente de presión: La compresibilidad amplifica las diferencias de presión alrededor de un cuerpo.

Drag divergence: A medida que (M) se acerca a 0.8, la formación de ondas de choque locales incrementa drásticamente la resistencia aerodinámica, un fenómeno conocido como divergencia de resistencia (drag divergence). Esto reduce la eficiencia aerodinámica y limita la velocidad máxima de las aeronaves subsónicas.

Desplazamiento de la capa límite: La compresibilidad afecta la capa límite, la región cercana a la superficie donde la velocidad disminuye debido a la viscosidad. En el límite subsónico, los gradientes de presión más pronunciados pueden inducir la separación del flujo, aumentando la resistencia y potencialmente causando pérdida de sustentación (stall).

Efectos en el Diseño de Aeronaves

Los efectos de la compresibilidad en el límite subsónico tienen implicaciones significativas para el diseño de aeronaves, especialmente para aviones comerciales que operan a M = 0.7-0.85, como el Boeing 737 o el Airbus A320.Algunos aspectos clave incluyen:

Perfiles alares supercríticos: Para minimizar la formación de ondas de choque locales y retrasar la divergencia de resistencia, se desarrollaron perfiles alares supercríticos. Estos perfiles tienen una curvatura más plana en el extradós, lo que reduce la aceleración del flujo y mantiene el número de Mach local por debajo de 1 durante más tiempo. Por ejemplo, el Boeing 787 utiliza perfiles supercríticos para operar eficientemente a $M = 0.85$.

Alas en flecha: Las alas en flecha (swept wings) reducen el componente de velocidad perpendicular a la línea de ataque, disminuyendo el número de Mach efectivo. Esto retrasa la formación de ondas de choque y la divergencia de resistencia.

Sistemas de control de capa límite: Dispositivos como generadores de vórtices o superficies de control (flaps, slats) ayudan a prevenir la separación del flujo inducida por gradientes de presión más pronunciados en flujos compresibles.

Optimización de la eficiencia: Los diseñadores buscan maximizar la relación sustentación-resistencia (C_L / C_D) para mejorar la eficiencia de combustible, lo que es crítico en aviones comerciales que operan cerca del límite subsónico.

Los efectos de la compresibilidad en el límite subsónico marcan la transición entre los flujos incompresibles y los fenómenos complejos de la aerodinámica de alta velocidad. El diseño de perfiles supercríticos y las alas en flecha son herramientas clave para mitigar los impactos de la compresibilidad, como la divergencia de resistencia y la formación de ondas de choque locales. Este conocimiento es esencial para los pilotos que buscan comprender cómo los principios de la aerodinámica subsónica evolucionan hacia los regímenes transónico, supersónico e hipersónico, y tiene aplicaciones directas en el diseño de aeronaves modernas.

Capítulo 5

Aerodinámica en vuelos transonicos

Biblioteca Aeronáutica
aviación en simples pasos

Introducción

Para un vuelo transonico, el número de Mach en régimen libre de una aeronave alcanza o supera su número de Mach crítico cuando el flujo de aire local se vuelve sónico o supersónico, normalmente en la ubicación más curvada sobre su perfil aerodinámico. Se puede formar una onda de choque cuando el flujo de aire es supersónico con una perturbación de presión compresiva. La presión del aire aumentará repentinamente después de una onda de choque. Este cambio repentino en la presión del aire afectará la sustentación en el ala transonica y afectará el rendimiento de la aeronave.

Ondas de choque en el perfil alar

Cuando el número de Mach en régimen libre alcanza el número de Mach crítico, el flujo de aire en una ubicación sobre el perfil aerodinámico es sónico, y se producen ondas de Mach en esa ubicación debido a la variación en la presión del aire local. La velocidad del aire local es mayor que la velocidad del sonido cuando el número de Mach en régimen libre aumenta o el Ángulo de Ataque (AoA) aumenta. El flujo de aire cerca del perfil aerodinámico es similar al de una tobera convergente-divergente (una media tobera) como se muestra en la siguiente figura. La línea T en la figura es la ubicación de la "garganta", el punto crítico, donde $M=1$. La velocidad del aire después de T sería mayor que la velocidad local del sonido, $M > 1$, y la presión del aire local disminuye. La presión del aire detrás del borde de fuga del perfil aerodinámico formará una onda de choque normal en la superficie superior del perfil aerodinámico.

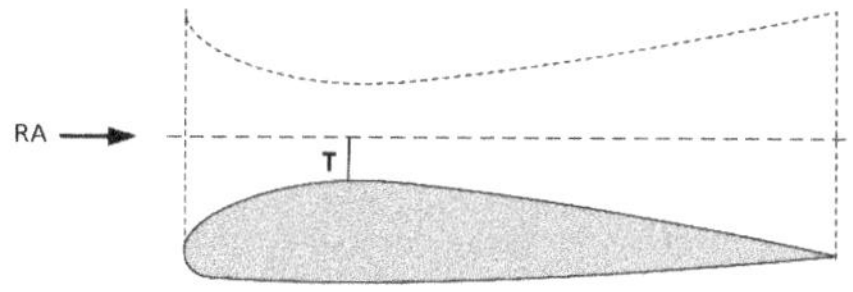

La siguiente figura muestra una onda de choque normal en la superficie superior de un perfil aerodinámico: el flujo de aire es supersónico justo antes de la onda de choque; sin embargo, la velocidad del aire en régimen libre es menor que la velocidad del sonido; el flujo de aire detrás de la onda de choque se vuelve subsónico, y la presión, la densidad y la temperatura del aire aumentan después de la onda de choque.

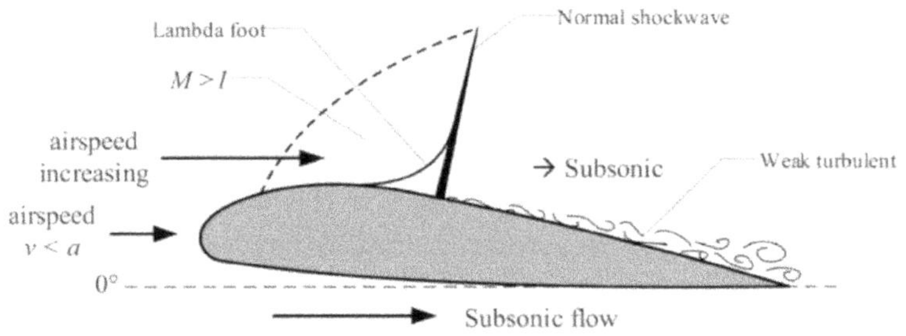

El esquema de la onda de choque normal en la figura indica que la parte de la raíz de la onda de choque no es una simple frente de onda delgada y plana, sino que es una estructura más ancha. Esta parte de la onda de choque se llama pie lambda (λ). Un lado de "λ" es la parte de la onda de choque normal, y el otro lado de "λ", frente a la onda de choque normal, es una pequeña onda de choque oblicua. El pie lambda es causado parcialmente por una "fuga de presión": el cambio de presión puede propagarse a través de la capa límite, donde la velocidad local de las partículas de aire puede ser menor que la velocidad del sonido. El cambio de presión en la capa límite tiene un gradiente, no es un cambio repentino, por lo que la presión en "λ" es mayor que la presión frente a la parte oblicua de la onda de choque, pero menor que la presión detrás de la onda de choque normal.

Existe un remolino turbulento detrás de una onda de choque normal en el perfil aerodinámico, como se muestra en la figura anterior. El remolino turbulento oscila. Cuanto mayor sea el número de Mach antes de la onda de choque normal, más fuerte será la onda de choque y, por lo tanto, más fuerte será la oscilación del remolino turbulento.

El remolino turbulento tiende a separarse de la superficie. La separación puede ocurrir en la parte trasera del perfil aerodinámico si la onda de choque es relativamente débil. Cuando la onda de choque se hace más fuerte, el punto de separación se desplaza hacia adelante, se acerca a la onda de choque.

Las ondas de choque normales se desplazan a lo largo de las superficies de un perfil aerodinámico cuando cambia el número de Mach en régimen libre. La figura de la página siguiente muestra el movimiento general de las ondas de choque cuando el número de Mach en régimen libre (Mfs) aumenta desde Mach crítico (Mcrit).

Cuando Mfs alcanza el número de Mach crítico, el flujo de aire local se vuelve sónico, es decir, el número de Mach local M=1, y se producen ondas de Mach en esa ubicación (Figura A).

Cuando Mfs aumenta desde Mcrit se forma una onda de choque normal en la superficie superior del perfil aerodinámico, como se muestra en la Figura 8.3b. La línea discontinua marca la región donde el flujo de aire es supersónico, M >1.

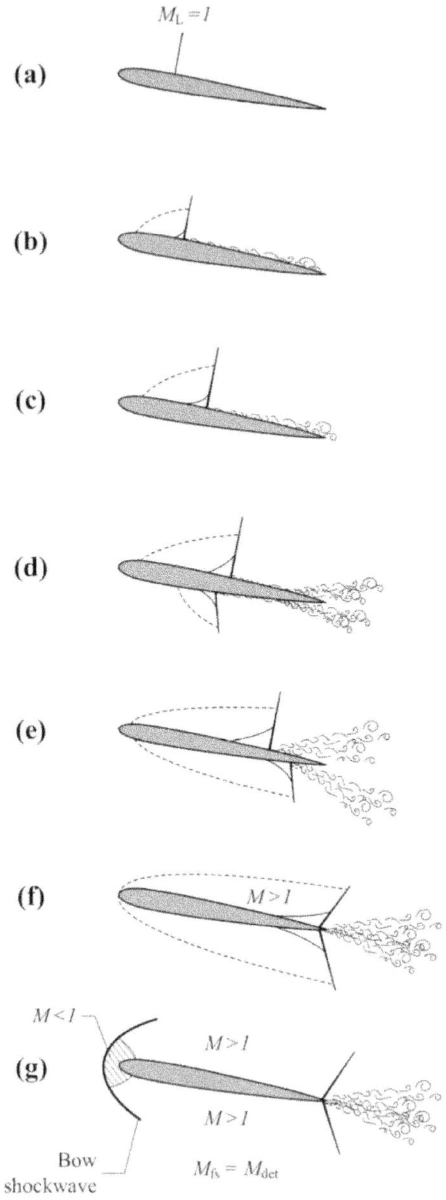

(a)
$M_L = 1$
(b)
(c)
(d)
(e)
(f)
M > 1
(g)
M < 1
M > 1
M > 1
Bow shockwave
$M_{fs} = M_{det}$

A medida que Mfs aumenta aún más, la onda de choque normal se desplaza hacia atrás a lo largo de la superficie superior del perfil aerodinámico, como se muestra en la figura anterior (c). La intensidad de la onda de choque aumenta, y el pie lambda de la onda de choque es mayor que en (b). La estela turbulenta detrás de la onda de choque oscila más, y el punto de separación se desplaza hacia adelante.

(b)

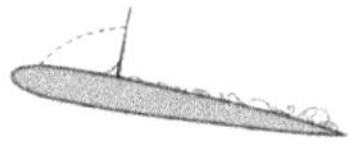

(c)

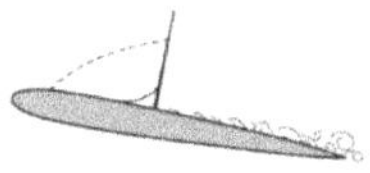

Cuando Mfs continúa aumentando, se forma una onda de choque normal en la superficie inferior del perfil aerodinámico, como se muestra en la figura D. La onda de choque superior se vuelve más fuerte, y su onda turbulenta se separa justo detrás de la onda de choque.

(d)

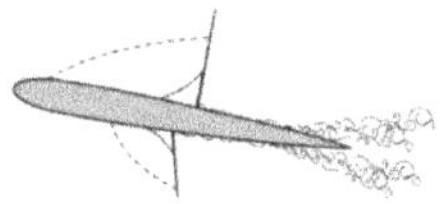

Mfs aumenta más desde la situación (d), y ambas ondas de choque superior e inferior se desplazan hacia atrás, y la oscilación de las estelas turbulentas detrás de ambas ondas de choque se vuelve más fuerte. Sin embargo, la onda de choque normal en la superficie inferior se mueve más rápido que la superior, como se muestra en la figura (e), y llegará primero al borde de fuga del perfil aerodinámico.

(e)

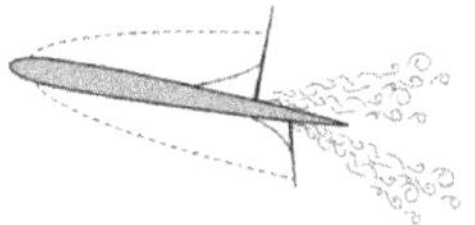

Cuando Mfs aumenta aún más desde (e), y se vuelve mayor que 1, la onda de choque normal se desplaza al borde de fuga, y luego ambas ondas de choque se establecen en el borde de fuga, como se muestra en la figura (f). Ahora, tanto la superficie superior como la inferior están cubiertas por un flujo de aire supersónico, *M* > 1, y no hay separación en ninguna de las superficies del perfil aerodinámico.

(f)

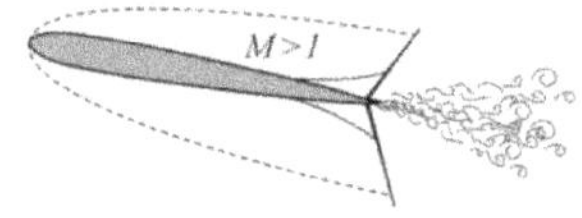

Cuando Mfs aumenta nuevamente desde (f), y se vuelve mayor que 1, se forma una onda de choque en arco en el borde de ataque y se desprende del mismo, como se muestra en la Figura 8.3 (g). El número de Mach en régimen libre (Mfs) cuando la onda de choque en arco se forma y se desprende del borde de ataque se llama Número de Mach de Desprendimiento (Mdet).

(g)

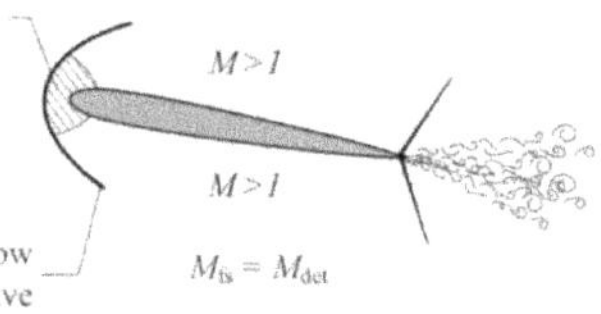

La onda de choque en arco consta de una parte de onda de choque normal (en el medio) y dos partes de onda de choque oblicua (una en cada lado). En la situación mostrada en la figura (g): Mfs > 1, el número de Mach del flujo de aire detrás de la onda de choque en arco y delante del borde de ataque es subsónico (detrás de la parte normal de la onda de choque en arco).

El flujo de aire detrás de las partes oblicuas de la onda de choque en arco todavía es supersónico. Al mismo tiempo, el flujo supersónico está sobre ambas superficies del perfil aerodinámico.

Número de Mach efectivo

Cada aeronave debe tener su número crítico de Mach diseñado o designado, valor especificado por el fabricante. Una aeronave puede realizar diferentes maniobras aparte de un vuelo nivelado a una velocidad cercana a Mcrit cuando se requiere un aumento del Ángulo de Ataque (AoA) de un perfil aerodinámico. Este aumento del AoA puede producir una velocidad local del aire que haga que ML = 1 sobre el perfil aerodinámico. Algunas otras maniobras, por ejemplo, giros, inclinaciones o descensos, podrían aumentar la velocidad local del aire sobre algunas partes del cuerpo de la aeronave para hacer que ML = 1. Una vez que ML = 1, el Mfs se convierte en el Mcrit efectivo. En esos casos, el número de Mach local alcanza "1" antes de que el número de Mach de flujo libre de la aeronave alcance su Mcrit diseñado, por lo que el Mcrit efectivo es menor que el Mcrit diseñado/ nominado. En otras palabras, el aumento del AoA y las maniobras podrían disminuir el Mcrit.

Cambios en el perfil aerodinámico transonico

Cuando se forman ondas de choque en el perfil aerodinámico, las propiedades del aire alrededor del perfil cambian significativamente. Existe un aumento repentino en la presión del aire, la densidad y la temperatura cuando el flujo de aire atraviesa una onda de choque normal. La estela turbulenta detrás de la onda de choque oscila y se separa de la superficie del perfil aerodinámico, lo que se conoce como separación de la capa límite, cuando aumenta el número de Mach del flujo libre. Todos estos hechos afectan a las fuerzas aerodinámicas producidas por el perfil aerodinámico.

Onda de choque en el perfil

La formación y los movimientos de ondas de choque en un perfil aerodinámico causan cambios significativos en la distribución de presión alrededor del mismo. La siguiente figura muestra las distribuciones de presión relativa sobre la superficie superior de un perfil aerodinámico:

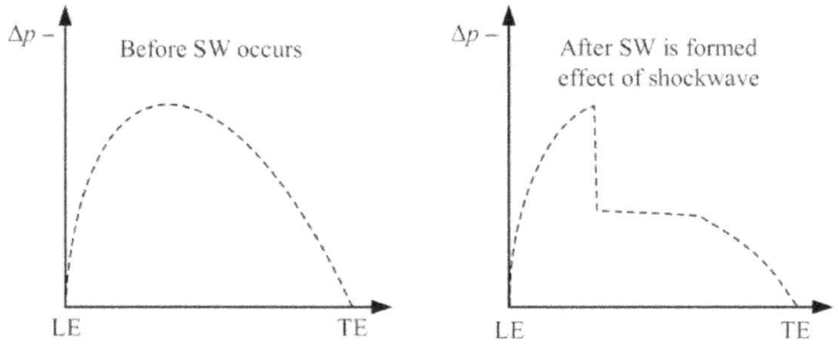

La figura de la izquierda representa la distribución de presión sin una onda de choque (SW). La figura de la derecha representa la distribución de presión con una onda de choque (SW). Aquí existe un aumento repentino en la presión debido a la presencia de la onda de choque. Este aumento de presión tiene implicaciones para el rendimiento aerodinámico del perfil.

La capacidad de generar sustentación se debilita después de que se forma una onda de choque normal sobre el perfil, lo que se refleja en la disminución del coeficiente de sustentación, CL. El nivel de disminución en CL depende de la intensidad de la onda de choque. Cuanto más fuerte es la onda de choque, mayor es la presión después de la onda de choque y mayor es la disminución de CL.

Además, el centro de presión, CP, cambiará dado que la distribución de presión se ha alterado después de la onda de choque. Inicialmente, CP se desplazará hacia adelante porque la onda de choque comienza en una ubicación más cercana al borde de ataque (LE). CP se desplazará hacia atrás si la onda de choque retrocede.

Resistencia

La formación de ondas de choque y la separación de los torbellinos turbulentos detrás de las ondas de choque en un perfil aerodinámico contribuyen a un aumento repentino en la resistencia total. La resistencia adicional causada por las ondas de choque se llama Resistencia por Onda de Choque (Shock Drag).

Existen dos tipos de resistencias por onda de choque: resistencia de onda (Wave Drag) y resistencia de límite de separación (Boundary Separation Drag).

Wave Drag: Cuando se forma una onda de choque, la presión, la temperatura y la densidad del aire aumentan repentinamente. Se requiere energía para formar y mantener la onda de choque, y la energía la proporciona el flujo de aire. Cuanto mayor sea el número de Mach antes de la onda de choque, más energía cinética perderá el flujo de aire para superar la "resistencia" al pasar a través de la onda de choque. Esta "resistencia" es la resistencia de onda, también llamada resistencia de energía.

Boundary Separation Drag: El torbellino turbulento se desprende de la superficie de un perfil aerodinámico detrás de la onda de choque cuando el número de Mach del flujo libre (Mfs) aumenta. Esta separación afecta a las fuerzas aerodinámicas de manera similar a la separación de capa límite subsónica, causando una forma de resistencia llamada resistencia de límite de separación.

La siguiente figura ilustra las porciones adicionales de arrastre causadas por las ondas de choque y su cambio con el número de Mach del flujo libre. La línea punteada inferior en la figura anterior muestra la resistencia total sin ondas de choque; la resistencia aumenta a la línea sólida debido a la formación de ondas de choque en el perfil cuando Mfs > Mcrit.

El espacio entre la línea sólida y la punteada es la resistencia de onda. El área sombreada sobre la línea sólida representa la resistencia de separación de límite. Es evidente que el nivel de resistencia aumenta significativamente una vez que el torbellino turbulento se separa de la superficie del perfil.

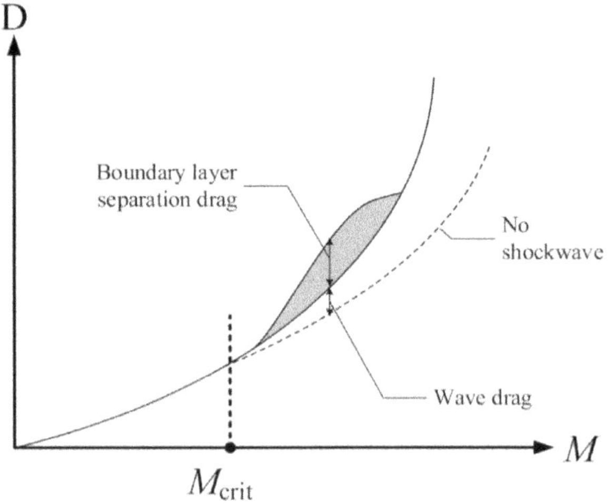

Shock Stall

Como se discutió anteriormente, los coeficientes de sustentación (CL) y de resistencia (CD) cambian con el desarrollo y movimiento de las ondas de choque normales formadas en las superficies superior e inferior de un perfil aerodinámico transonico, cuando el número de Mach en flujo libre (Mfs) de la aeronave aumenta. La intensidad de las ondas de choque se incrementa, y las estelas turbulentas detrás de las ondas de choque se separan de la superficie del perfil aerodinámico, con el punto de separación acercándose a las ondas de choque cuando el Mfs aumenta.

Una estela turbulenta produce vórtices, que se desprenden de la estela alternativamente con una cierta frecuencia. El desprendimiento de los vórtices provoca ruido, oscilación de la onda de choque y un aumento en el coeficiente de resistencia (CD). Cuando el número de Mach en flujo libre (Mfs) aumenta a un nivel determinado, el desprendimiento o separación se vuelve muy intenso y ocurre inmediatamente después de la onda de choque, la aeronave experimenta vibraciones aleatorias con un ruido fuerte, lo que se llama buffet de Mach o buffet sónico. La experiencia del piloto es similar a la sensación de buffet a baja velocidad y alto AoA cuando la aeronave está en buffet de Mach.

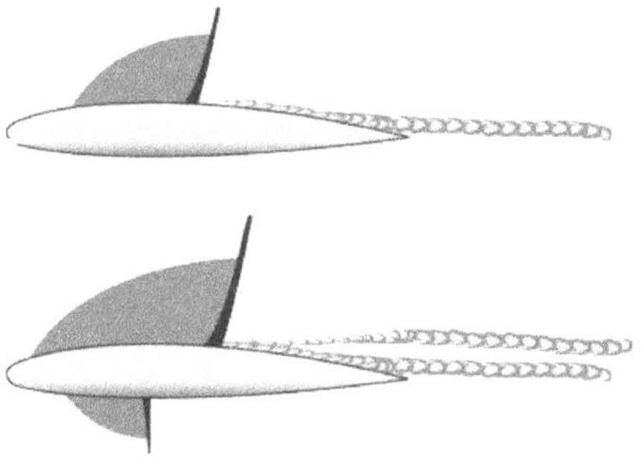

La capacidad para generar sustentación se debilita cuando se forma una onda de choque y la estela turbulenta se separa sobre el perfil alar. El perfil alar no logrará generar sustentación si la intensidad de las ondas de choque sigue aumentando después del buffet de Mach, y la aeronave entrará en pérdida. Eso es el stall de choque.

El coeficiente de sustentación del perfil alar estará en su punto más bajo cuando la aeronave esté cerca de su stall de choque. Al mismo tiempo, su coeficiente de arrastre probablemente aumentará bruscamente. Las vibraciones causadas por el buffet de Mach intenso podrían llevar a la pérdida del control del vuelo. Por lo tanto, se debe evitar el buffet de Mach, y debería haber advertencias auditivas y visuales para el buffet.

Ondas de choque en superficies de control

La intención de mover una superficie de control es producir una fuerza en la superficie de control para realizar ciertas maniobras. La velocidad local del flujo de aire puede aumentar cuando la superficie se mueve. Así, ondas de choque normales pueden formarse en las superficies de control de una aeronave transonica si la superficie de control se mueve. El desarrollo y movimiento de la onda de choque serían de la misma manera que en un perfil alar con el aumento de Mfs, como se discutió anteriormente.

La onda de choque se formará en la zona de bisagra de una superficie de control primero, por ejemplo, en la bisagra del elevador, o en la bisagra del timón, y luego la onda de choque se moverá hacia atrás en la superficie de control con el aumento de Mfs. La presión aumentará detrás de la onda de choque, lo que hace que la sensación en los controles sea más pesada. La fuerza aerodinámica ejercida sobre la superficie de control debido a la onda de choque podría ser demasiado grande para que el piloto mueva fácilmente la superficie de control. El cambio en la distribución de presión sobre la superficie de control debido a la formación de una onda de choque provoca la ineficacia de la superficie de control, o incluso produce el efecto opuesto a la intención inicial de control.

Existe una estela turbulenta detrás de una onda de choque normal en una superficie de control, y la separación de la estela turbulenta provoca la vibración de la superficie de control, y, a su vez, la vibración de la superficie de control puede introducir perturbaciones, lo que lleva a un comportamiento inestable.

Control longitudinal

Una aeronave en vuelo transonico experimenta un cabeceo hacia abajo, es decir, la nariz se vuelve pesada debido a la onda de choque formada sobre su ala. Cuando la nariz se vuelve pesada, esto se llama "Mach tuck" (hundimiento por Mach).

Cuando Mfs aumenta y las ondas de choque sobre las alas de una aeronave transonica se mueven hacia atrás, el centro de presión CP sobre el ala se desplaza hacia atrás con las ondas de choque. El movimiento de CP aumenta la distancia entre CP y CG, como se muestra en la siguiente figura. Por lo tanto, el momento de cabeceo hacia abajo aumenta.

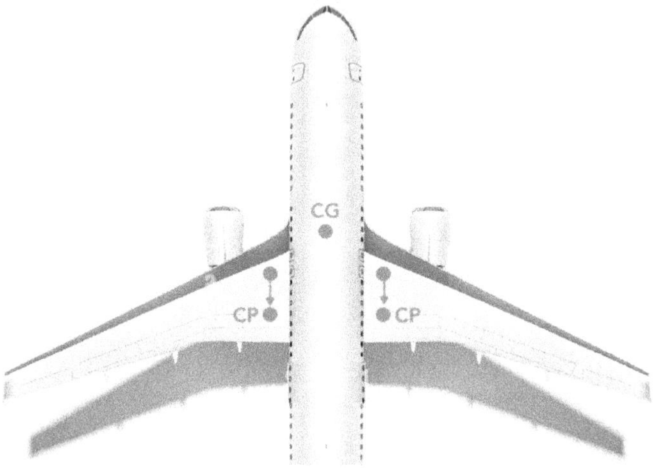

Cuando la estela turbulenta detrás de la onda de choque se separa antes con el aumento de Mfs, la carga descendente desde el ala hacia la cola se reduce si la cola no es en forma de T. La cola producirá menos momento de cabeceo hacia arriba para contrarrestar el momento de cabeceo hacia abajo causado por el movimiento de la onda de choque en el ala.

Así que la aeronave transonica a alta velocidad puede experimentar un cabeceo hacia abajo. El movimiento hacia abajo provoca que la aeronave acelere. Esta aceleración lleva a un aumento adicional de Mfs y empeora las dificultades de control. Cuando se forma una onda de choque en un elevador:

- Se siente pesado mover el elevador, porque la onda de choque se establece en el elevador con el aumento repentino de la presión en la superficie del elevador.

• La aeronave no responde de manera efectiva al movimiento del elevador porque la distribución de presión ha cambiado sobre el elevador y no puede producir una fuerza aerodinámica eficiente para la cual fue diseñado.

• El elevador vibra y hace un ruido "zumbido" o sufre vibraciones debido a la separación turbulenta de la estela detrás de la onda de choque.

• ”Fuerza adversa en el mando": la fuerza hacia abajo en la columna de control a mayores valores de Mfs en la región transonica produce una acción de "tirar" en lugar de "empujar". Esto se debe a la onda de choque formada en el elevador. Cuando se empuja la columna de control, el elevador se desvía para producir sustentación, un cabeceo hacia abajo, pero la presión detrás de la onda de choque en el elevador aumenta significativamente, en particular, si hay separación turbulenta, por lo que la "sustentación" producida por el elevador ahora es una sustentación negativa, un cabeceo hacia arriba, "tirar". Es arriesgado y confuso cuando ocurre la "fuerza adversa en el mando”.

Existen varias opciones de diseño para los elevadores transónicos que se pueden utilizar para abordar las dificultades de control:

- Utilizar una cola delgada o un diseño de borde de ataque relativamente afilado para aumentar Mcrit del elevador, retrasando la formación de una onda de choque en el elevador;

- Utilizar un sistema de compensación de Mach. La entrada de la compensación de Mach proporciona control con la fuerza aerodinámica en la otra dirección para corregir la "fuerza adversa en el mando", elimina la confusión y también puede reducir el "Mach tuck”.

- Todos los alerones móviles del elevador se pueden utilizar. Cada aleta se puede operar individualmente. Por lo tanto, las aletas pueden proporcionar a los pilotos más opciones de acciones en el control longitudinal para reducir el efecto de las ondas de choque en el control.

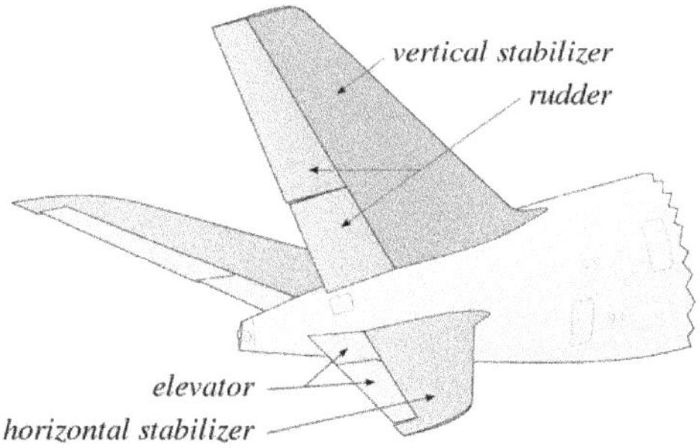

- Se puede utilizar una cola ajustable y operada con energía para superar las fuerzas adicionales ejercidas sobre el elevador debido al movimiento de la onda de choque en el elevador, de modo que pueda seguir respondiendo a la demanda de la columna de control.

Control lateral

Cuando una aeronave viaja a una velocidad transonica y las ondas de choque pueden formarse en la superficie de los alerones:

- Los alerones no pueden operar eficazmente, ya que la presión aumenta detrás de la onda de choque.

- Los alerones tiemblan y vibran cuando la estela turbulenta se separa detrás de la onda de choque.

- La aeronave estará en una perturbación de alabeo, porque la rápida vibración de los alerones varía la sustentación en el perfil alar de manera aleatoria.

- El aumento repentino de presión y la separación de la capa límite (por la estela turbulenta) después de una onda de choque normal en el alerón pueden dar como resultado una "sustentación" en la dirección opuesta a la que se pretende producir cuando el alerón se desvía para realizar un viraje. Entonces, la aeronave puede comenzar a virar en la dirección opuesta, lo que se conoce como inversión de alerones. (La inversión de alerones también puede ocurrir cuando se produce una mayor "sustentación" al desviar el alerón. La "sustentación" tuerce el ala alrededor de su eje lateral, si el ala no es lo suficientemente rígida. Esta torsión cambiaría el ángulo de ataque en la dirección opuesta. Así, el ala que debería producir más sustentación para realizar un "viraje a la derecha" reduciría su sustentación, lo que haría que la aeronave "vire a la izquierda".)

Existen algunas opciones de diseño asociadas con un ala y sus alerones que se pueden utilizar para abordar las dificultades de control:

- Se instalan generadores de vórtices aguas arriba de los alerones para retrasar la formación de ondas de choque y volver a energizar el flujo de aire sobre la superficie de control para retrasar la separación de la capa límite (estela turbulenta).

- Se utilizan alerones pequeños en la parte externa, como se muestra en la Figura 8.9. Con alerones externos, una aeronave requiere menos "sustentación" para producir un momento de alabeo para realizar un viraje. Esto reducirá el ángulo de desviación y operará en una zona menos afectada por ondas de choque y estelas turbulenta.

- Se utilizan spoilers en la parte interna (media cuerda/media envergadura), que interrumpen el flujo de aire para reducir la sustentación en el ala descendente (en lugar de un alerón para aumentar la sustentación en el ala ascendente) para evitar la inversión de alerones.

Control direccional

Cuando una onda de choque se forma por primera vez en la bisagra del timón en un vuelo transonico, la función de control direccional se verá afectada. El control direccional experimentaría dificultades similares a las del control en otras direcciones:

- Función de timón ineficaz causada por la onda de choque. El timón está detrás de la onda de choque, por lo que no puede afectar las fuerzas aerodinámicas en la cola/aleta para producir momentos de guiñada.

- Se siente pesado mover el timón, ya que la onda de choque se desplaza hacia atrás en el timón, cuando aumenta Mfs.

- La estela turbulenta y el aumento de presión detrás de la onda de choque en el timón causan oscilación. Eso produce perturbaciones de guiñada. Con el control direccional debilitado, esta perturbación de guiñada podría llevar a un balanceo holandés.

Existen algunos métodos que se pueden utilizar para ayudar al control de la estabilidad direccional en un vuelo transonico:

- Instalar amortiguadores de guiñada para reducir la oscilación direccional y debilitar/eliminar el balanceo holandés.

- Combinación convencional de aleta y timón con superficie de control asistida para aumentar la efectividad del timón.

- Todas las superficies móviles de la aleta/timón en el estabilizador vertical, se pueden operar por separado para evitar los efectos de la onda de choque en el timón.

Vuelos transonicos

Los modernos aviones a reacción pueden viajar mucho más alto y rápido que nunca. Son vuelos transónicos. Un vuelo transonico enfrenta problemas causados por ondas de choque y limitaciones aerodinámicas. Las características de las aeronaves transónicas han sido diseñadas para superar la resistencia adicional causada por las ondas de choque, las dificultades de control y para mejorar las limitaciones aerodinámicas en vuelos transónicos.

Velocidades de vuelos transonicos

Un aspecto de las limitaciones en vuelos transónicos son los límites de la velocidad del aire, en los cuales la aeronave ya no puede producir suficiente sustentación de manera efectiva para mantener el vuelo. Existen dos límites: el límite de baja velocidad y el límite de alta velocidad.

El límite de baja velocidad de un vuelo transonico es la velocidad del aire en la cual la aeronave está en pérdida de velocidad a baja velocidad y alto ángulo de ataque, causada por la separación de la capa límite sobre el perfil alar, y la interrupción y destrucción de la distribución de presión del aire que produce sustentación sobre el perfil alar.

El límite de alta velocidad es la velocidad del aire en la cual la aeronave comienza a sufrir una pérdida por Mach, causada por fuertes ondas de choque normales y la separación de una estela turbulenta detrás de las ondas de choque en la superficie del perfil alar.

La formación de una onda de choque sobre un perfil alar aumenta la presión local de manera repentina, y la separación de la capa límite de la estela turbulenta provoca la pérdida completa de sustentación y un aumento significativo de la resistencia. Por lo tanto, no se puede mantener un vuelo nivelado en el aire.

La siguiente figura muestra un ejemplo de un diagrama del límite de velocidad. La línea izquierda está marcada como "velocidad de pérdida por alto ángulo de ataque" (aproximadamente, IAS [velocidad indicada] = 100 kt), y es el límite de baja velocidad. A baja velocidad del aire, el coeficiente de sustentación debe ser alto para mantener la sustentación necesaria, lo que significa que se requiere un alto ángulo de ataque (AoA).

La velocidad del aire mostrada en la figura es la velocidad verdadera del aire (TAS). El valor de TAS en el límite de baja velocidad aumenta con el aumento de la altitud si se mantiene el mismo nivel de sustentación.

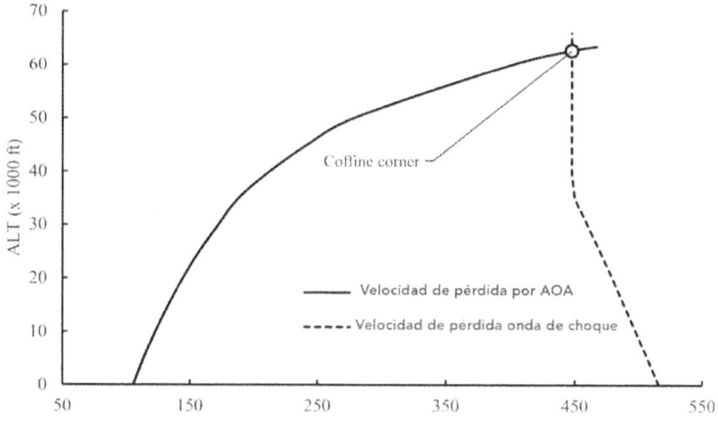

El límite de alta velocidad en esta figura está marcado como "Velocidad de pérdida por onda de choque", que es una línea de un número de Mach constante (aquí M = 0.78). La naturaleza de una onda de choque, incluyendo su formación, intensidad y separación, depende del número de Mach del flujo de aire. Por lo tanto, el límite de alta velocidad en esta figura indica un evento aerodinámico específico: pérdida por onda de choque debido a la separación de una estela turbulenta siguiendo un número de Mach constante, que es diferente para diferentes aeronaves.

Cuando el número de Mach es constante, la velocidad del aire aumenta/disminuye con la velocidad del sonido, que cambia solo con la temperatura del aire. El límite de alta velocidad es una línea recta inclinada bajo la tropopausa y es una línea vertical dentro de la tropopausa, donde la temperatura del aire es constante. Esta línea muestra el cambio del límite de alta velocidad, lo que refleja el cambio de temperatura del aire con la altitud.

Coffin corner

La figura anterior muestra que la TAS del límite inferior aumenta con la altitud, mientras que la TAS del límite de alta velocidad es constante cuando la altitud está más allá de la troposfera. Estos dos límites se acercan cada vez más a medida que aumenta la altitud y luego se interceptan a cierta altitud. La altitud donde los dos límites se interceptan se llama "coffin corner" (esquina del ataúd).

Cuando una aeronave alcanza su "coffin corner", solo puede volar a una velocidad del aire. Estará en pérdida si su velocidad disminuye y estará en pérdida por onda de choque si su velocidad aumenta. Una aeronave en la "coffin corner" se encuentra en una situación peligrosa.

Para el ejemplo mostrado en la la figura anterior la "coffin corner" de esa aeronave está aproximadamente a 19,000 m (alrededor de 62,000 pies). Esta aeronave no puede volar por encima de los 19,000 m.

Límites del "bataneo" (Buffet Boundary)

Cuando una capa límite comienza a desprenderse de la superficie de un perfil aerodinámico, una serie de vórtices se desprenden del flujo de aire a una frecuencia determinada, lo que provoca vibraciones u oscilaciones. Por lo tanto, una aeronave experimenta un bataneo o sacudida antes de entrar en pérdida. Por lo tanto, tiene sentido marcar la velocidad del aire en el inicio del bataneo o sacudida como límite de bataneo para advertir al piloto que evite que la aeronave entre en peligro de pérdida. El límite de bataneo corre casi en paralelo con los límites de velocidad del aire, como se muestra en la línea sólida de un diagrama esquemático en la siguiente figura. La línea de puntos representa los límites de velocidad de pérdida. La velocidad utilizada en la figura es la IAS (velocidad indicada), que se utiliza en el manual de vuelo de una aeronave. Las líneas de puntos marcadas como VMO en la figura son la velocidad máxima de operación de la aeronave.

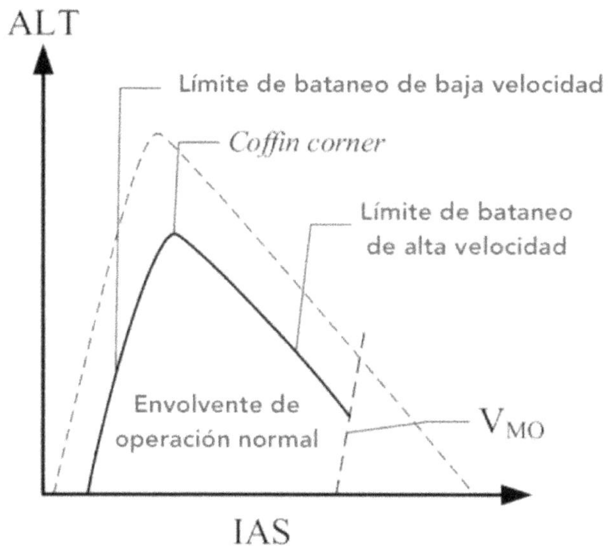

A una altitud más baja, la VMO es menor que la velocidad de pérdida por onda de choque. El rango de velocidad entre el límite inferior del bataneo y el límite superior del bataneo en cada altitud se llama margen de bataneo o rango de velocidad seguro. El margen cambia con la altitud. Los márgenes a diferentes altitudes forman un sobre de operación normal. La esquina del ataúd en la Figura 9.2 es la altitud donde el margen se reduce a "0". Esta esquina del ataúd definida por los límites de bataneo es sobrevivible, ya que la aeronave no ha entrado en pérdida.

El margen de bufete puede disminuir con el aumento del peso de una aeronave, como se muestra en figura siguiente. Es evidente que el margen de bufete disminuye con el aumento del peso bruto de la aeronave. La velocidad en el límite inferior del bufete aumenta, pero la velocidad en el límite superior del bufete disminuye cuando aumenta el peso bruto de la aeronave. Esta figura también muestra que la "esquina del ataúd" disminuye cuando aumenta el peso, y la velocidad del aire en la "esquina del ataúd" también aumenta.

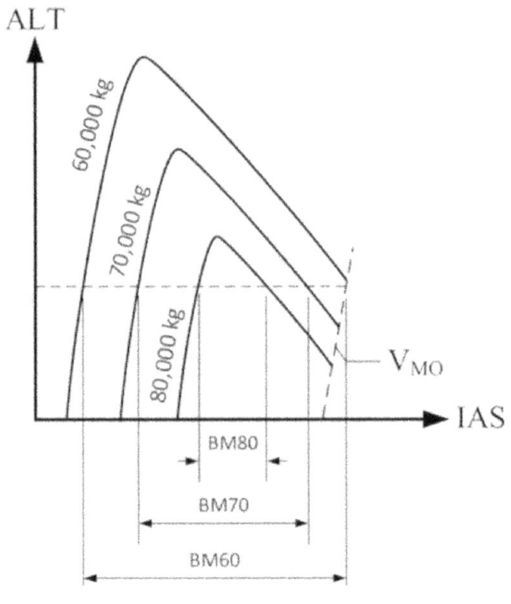

La figura siguiente muestra que el margen de bufete disminuye si el factor de carga (LF) de una aeronave aumenta para el mismo peso bruto a la misma altitud. La comparación entre un factor de carga = 1 (vuelo en nivel) y un factor de carga > 1 (por ejemplo, inclinación; LF = 1.3 es equivalente a una inclinación de 40°) muestra que la velocidad en el límite inferior del bufete aumenta, pero la velocidad en el límite superior del bufete disminuye cuando el factor de carga es mayor que "1"; y la "esquina del ataúd" disminuye, y la velocidad del aire en la "esquina del ataúd" aumenta cuando el factor de carga aumenta.

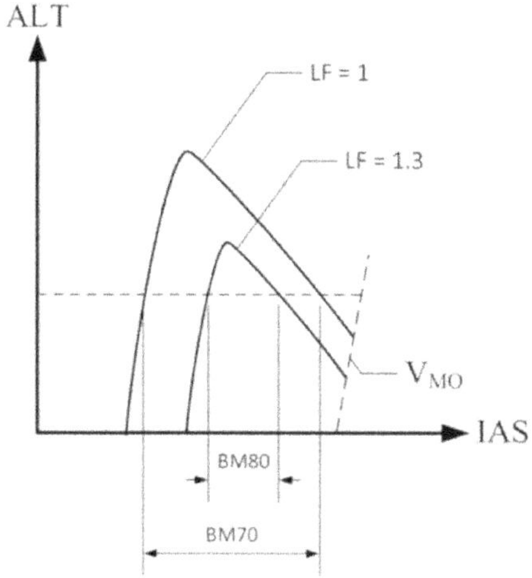

Altitud de cruce (Cross-Over Altitude)

La altitud de cruce (ALT) es la altitud en la cual una IAS o CAS especificada (IAS y CAS son muy similares si no hay viento cruzado) y el valor de Mach representan el mismo valor TAS (mostrado en kt en la cabina). Por encima de esta altitud, el número de Mach se utiliza como referencia de la velocidad del aire. Según la altitud de ascenso, la velocidad objetivo, la velocidad de crucero y el tipo de aeronave, se puede planificar un perfil de ascenso para un vuelo, y la altitud de cruce está determinada por el perfil de ascenso. La altitud de cruce puede ser diferente con un perfil de ascenso diferente para la misma aeronave.

Para encontrar la altitud de cruce, por ejemplo, siguiendo el perfil de ascenso de una aeronave mostrado en la siguiente figura, 200 kt / 250 kt / M0.6: la aeronave asciende desde el nivel del mar a 200 nudos (IAS) hasta una altitud elegida, por ejemplo, 15,000 pies, luego acelera a 250 kt y luego asciende a 250 kt (IAS) hasta 23,500 pies, en la cual IAS = 250 kt y M de 0.6 representan el mismo TAS = 360 kt. Esta altitud de 23,500 pies es la altitud de cruce para la aeronave siguiendo el perfil de ascenso.

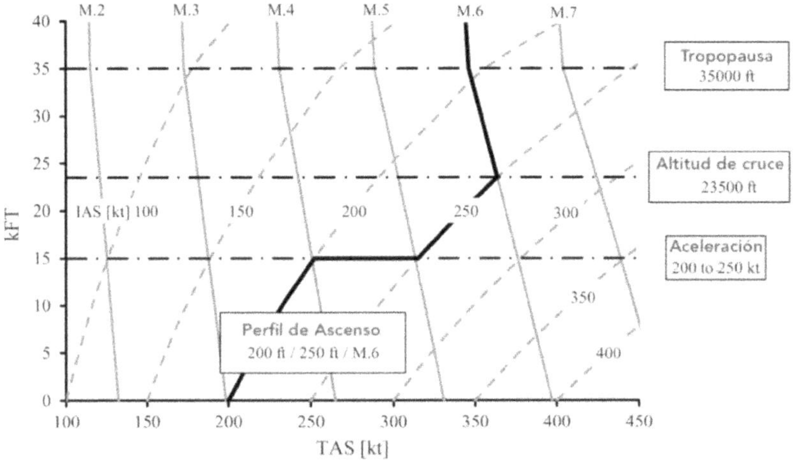

Incremento de Mach Crítico

Cuando una aeronave vuela lo suficientemente rápido y su número de Mach en el flujo libre alcanza Mcrit, una onda de choque puede formarse localmente en el perfil alar. La formación de una onda de choque provocará un aumento en la resistencia y una disminución en la sustentación, e incluso puede llevar a un estancamiento o a dificultades en la estabilidad y el control durante vuelos transónicos. Se han realizado esfuerzos significativos para aumentar Mcrit en vuelos transónicos, permitiendo que una aeronave viaje de manera más económica a velocidades más altas. Aquí se discutirán varias características de diseño para demostrar formas de aumentar Mcrit siguiendo los principios aerodinámicos.

Forma del Ala

Cuando el aire fluye sobre un perfil alar a lo largo de su cuerda y alcanza el estado sónico, el número de Mach de la aeronave alcanza su número de Mach crítico, Mcrit. Las aeronaves con alas en flecha pueden tener un Mcrit relativamente más alto. Mcrit está definido por la velocidad del flujo de aire y la velocidad del sonido en el flujo de aire libre. Para la misma velocidad del flujo de aire libre, la velocidad de la cuerda para un ala recta es la misma que la velocidad del flujo de aire libre que se muestra en la siguiente figura, mientras que la velocidad de la cuerda es menor que la velocidad del flujo de aire libre para un ala en flecha.

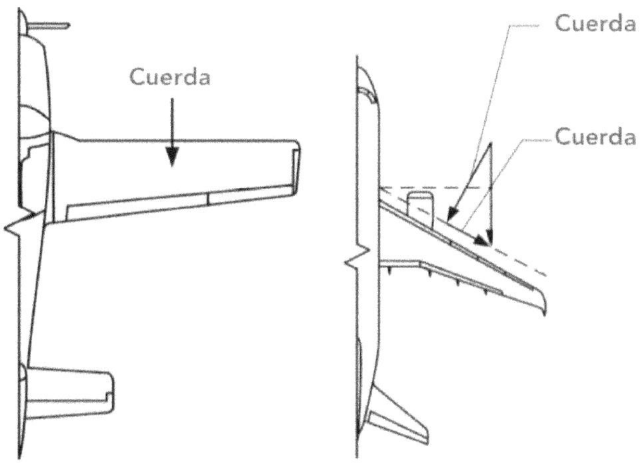

Generador de Vortices

Los generadores de vórtices son pequeños dispositivos irregulares en un perfil alar. Cuando el flujo de aire pasa por los generadores de vórtices, se generan vórtices microscópicos y energéticos sobre la superficie del perfil alar. Estos vórtices pueden retrasar la formación de una onda de choque y retardar la separación de la estela turbulenta detrás de la onda de choque normal, si es que se ha formado. De esta manera, las dificultades aerodinámicas causadas por la onda de choque normal en el perfil alar se verían debilitadas y retrasadas. Como resultado de tener generadores de vórtices en la parte superior del perfil alar, el avión puede volar a velocidades más altas, lo que es equivalente a tener un Mcrit mayor.

Perfiles Transonicos

Los aviones transónicos experimentan los efectos de las ondas de choque formadas alrededor de sus perfiles alares. Las principales dificultades causadas por las ondas de choque son el aumento significativo de la resistencia y la disminución de la sustentación, así como la posibilidad de un shock stall. Los perfiles alares transónicos están diseñados para superar esas dificultades, reducir los efectos de las ondas de choque y retrasar estos efectos en sus vuelos de crucero nivelados, antes de que se formen las ondas de choque en sus bordes de ataque.

Relación "Espesor - Cuerda" (E/C)

Un diseño delgado de alas se utiliza para vuelos a alta velocidad. El área de la sección transversal del flujo de aire sobre un perfil alar aumenta suavemente si su relación E/C es baja. Por lo tanto, un perfil alar delgado tendrá un Mcrit más alto, como se discutió anteriormente. Para el mismo diseño, el área de la sección transversal del flujo de aire sobre un perfil alar también disminuye suavemente después de pasar la ubicación más curvada. Por lo tanto, la velocidad del flujo de aire sobre un perfil alar delgado aumenta de manera suave y constante, mientras que la presión sobre el perfil alar disminuirá lentamente en todo el perfil alar. Esta característica retrasará la formación de ondas de choque y, si se forman, serán relativamente débiles.

La intensidad de una onda de choque depende del número de Mach antes de la onda de choque. Cuanto mayor sea el número de Mach antes de la onda de choque, más fuerte será la onda de choque. Una onda de choque fuerte produce una alta resistencia de onda de choque; la estela turbulenta detrás de la onda de choque es más inestable; y es más probable que ocurran el Mach buffet y el shock stall. Por lo tanto, un ala con una baja relación E/ C experimentará una baja resistencia de onda de choque y producirá un Mcdr más alto, el número de Mach crítico de aumento de resistencia (también llamado Mdd: número de Mach de divergencia de resistencia), como se muestra en la siguiente figura.

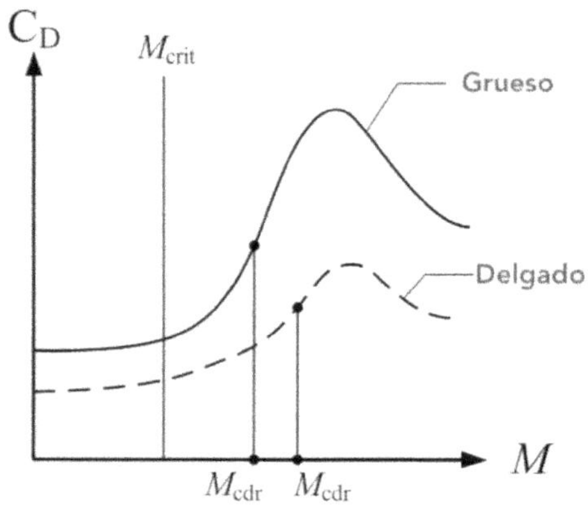

Debido a que el número de Mach sobre el ala delgada no aumentará rápidamente, la estela turbulenta detrás de las ondas de choque será menos violenta, por lo que la aeronave con un perfil alar delgado viaja a alta velocidad con una baja resistencia de onda de choque y una mejor estabilidad. Es posible que el margen de buffet de una aeronave con alas delgadas sea mayor que el de la aeronave con alas gruesas.

Sin embargo, debido a que la presión disminuye lentamente sobre un ala delgada, producirá menos sustentación que un perfil alar con una mayor relación de espesor a cuerda, E/C, especialmente a velocidades del aire más bajas. Por lo tanto, el coeficiente de sustentación de un perfil alar delgado es relativamente bajo.

Perfil Supercrítico

Un perfil aerodinámico supercrítico tiene una sección transversal especialmente diseñada para aviones transónicos. Esta sección supercrítica está diseñada para reducir la resistencia de onda de choque y retrasar el shock stall. La siguiente figura muestra la sección supercrítica.

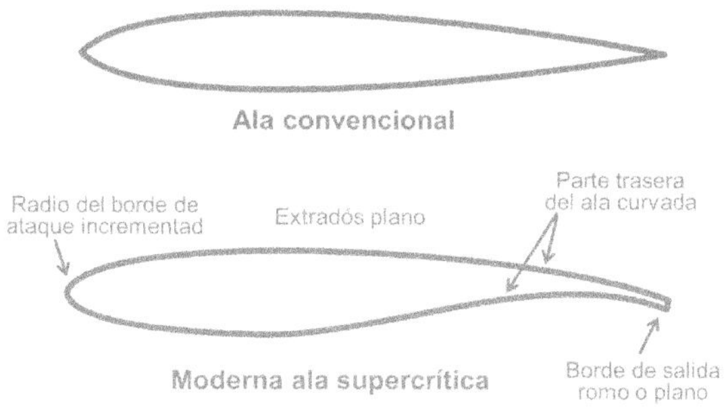

En comparación con una sección transversal de un perfil normal, las características de la sección supercrítica son:

- Superficie superior aplanada en el borde de ataque con una modesta relación E/C (espesor a cuerda). Esta característica garantiza que el aumento de la velocidad del flujo de aire sobre el perfil alar sea suave, similar al de un perfil alar delgado, por lo que su número de Mach crítico, Mcrit, es más alto que el de un perfil alar de forma convencional. Debido a que su espesor no es bajo, no tiene la desventaja de un bajo coeficiente de sustentación, como un perfil alar delgado.

- Esta característica también aumenta Mcdr, ya que la velocidad del flujo de aire no aumentará significativamente, se retrasará la formación de la onda de choque en la parte superior del perfil alar y se reducirá la intensidad de la onda de choque normal cuando se forme. Por lo tanto, el aumento significativo en la resistencia de onda de choque ocurrirá cuando Mfs sea relativamente alto y la aeronave pueda operar a velocidades subsónicas más altas.

- Otra característica especial del perfil alar supercrítico es la curvatura reflexiva, como se muestra en la figura anterior. La línea de curvatura se refleja hacia arriba en la parte trasera del perfil alar. Mejora la producción de sustentación en la parte trasera del perfil alar. Cuando una onda de choque normal se forma justo en la superficie inferior, y el flujo de aire detrás de la onda de choque se vuelve subsónico, la curvatura reflexiva podría hacer que el área del camino de flujo en la parte trasera de la superficie inferior aumente para formar una región de presión de aire relativamente alta para mantener la producción de sustentación.

- Debido a que el perfil alar supercrítico puede reducir la resistencia de onda de choque y mejorar el coeficiente de sustentación, puede hacer que la aeronave opere de manera más eficiente. El ángulo de barrido y la envergadura pueden reducirse si el ala de barrido usa el diseño de sección supercrítica.

Alas en Flecha

Las alas en flecha son diseños populares para aviones transónicos. Las alas en flecha proporcionan estabilidad positiva longitudinal, lateral y direccional en vuelo, y pueden aumentar el Mcrit de aeronaves transónicas, como se mencionó anteriormente. Sin embargo, existen algunos problemas relacionados con el rendimiento real del ala en flecha y la implementación de su principio ideal de diseño. Es importante comprender estos problemas y aprender los métodos para superar las desventajas causadas por ellos, con el fin de conocer mejor la aeronave que pilotará y controlarla sabiamente en vuelo. Características de las alas en flecha:

- Las alas en flecha tienen estabilidad positiva en cualquier dirección. El momento de recuperación de cabeceo, alabeo y guiñada puede ser generado por un ala en flecha si la aeronave está en una perturbación de cabeceo, alabeo y guiñada, respectivamente.

- Las alas en flecha producen un Mcrit más alto, como se mostró anteriormente, y cuanto mayor sea el ángulo de flecha, mayor será el Mcrit.

- Por la misma razón, el Mcdr es mayor para una aeronave con alas en flecha. Esto significa que el diseño de alas en flecha puede retrasar la formación de la onda de choque y la separación de la estela turbulenta detrás de la onda de choque. Por lo tanto, las alas en flecha producen un arrastre de choque relativamente bajo.

- El ángulo de ataque de entrada en pérdida para un ala en flecha es mayor que el de un ala recta. Pero el coeficiente de sustentación del ala en flecha es menor que el de un ala recta.

- La aeronave transonica con alas en flecha puede operar a velocidades de crucero económicas relativamente altas, ya que su coeficiente de arrastre CD es relativamente bajo.

- El flujo de aire alrededor de la punta del ala en flecha se aparta de la dirección de la corriente libre. Debido a que el aire es un fluido viscoso, el flujo de aire local en la punta del ala cambia de dirección cuando fluye alrededor de la punta del ala en flecha, como se muestra en la siguiente figura. El ángulo de flecha efectivo en la punta del ala es menor que el ángulo de flecha del ala, por lo que el Mcrit efectivo se reduce desde el Mcrit teórico.

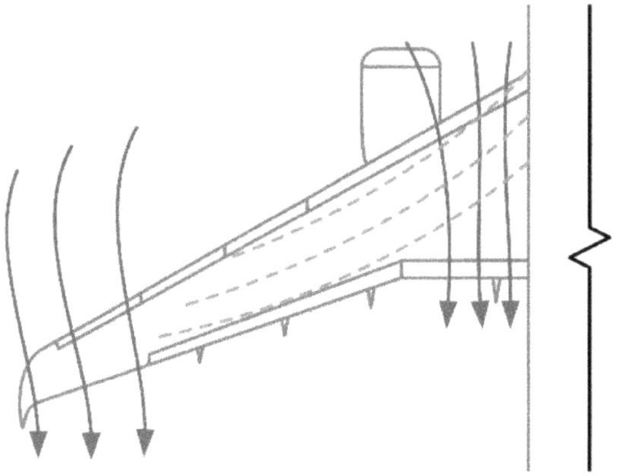

- El grosor del ala en flecha no es uniforme a lo largo de su envergadura. El grosor disminuye gradualmente desde la raíz del ala hasta la punta. Esta característica hace que el flujo de aire sobre el ala se desplace hacia la raíz del ala. Como resultado, se forman una serie de ondas de compresión cerca de la raíz del ala (las líneas punteadas en la figura anterior), e incluso se puede formar una onda de choque a partir de las ondas de compresión. Por lo tanto, el arrastre se incrementará debido a esas ondas de compresión.

- Hay un componente de flujo de aire en dirección de la envergadura sobre un ala en flecha. Como resultado del flujo en dirección de la envergadura, la capa límite sobre el ala en flecha se hace más gruesa hacia la punta del ala. La capa límite engrosada en la punta del ala fomentará la formación de un gran vórtice en la punta del ala. El vórtice en la punta del ala es tan grande que puede empezar desde el borde de ataque del ala, lo que se llama un vórtice "cuerno de carnero", como se muestra en esta figura. El gran vórtice induce más descenso, lo que a su vez conduce a un mayor arrastre inducido.

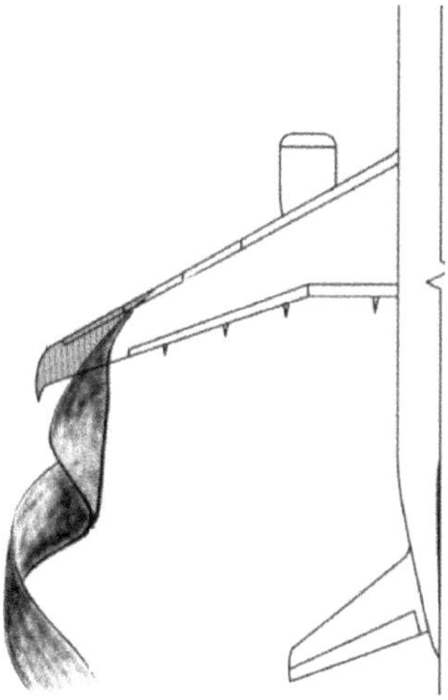

- La capa límite engrosada en la punta del ala puede causar la separación de la capa límite en la punta del ala fácilmente, lo que lleva a una entrada en pérdida en la punta. El centro de presión, CP, se desplazará hacia adelante cuando ocurre la entrada en pérdida en la punta, como se muestra en la figura siguiente, y disminuirá el momento de cabeceo de restauración si la aeronave está en una perturbación de cabeceo. El diseño de "wash-out" de un ala en flecha reducirá y prevendrá la entrada en pérdida en la punta.

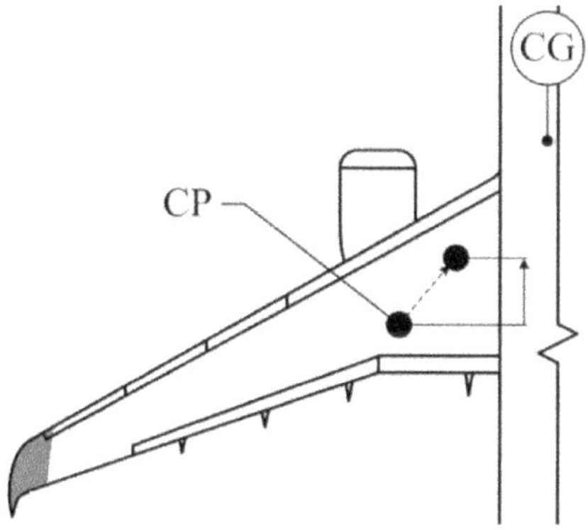

- Cuando se forma una onda de choque sobre un ala en flecha transonica, la estela turbulenta detrás de la onda de choque está situada más atrás, cerca de su cola, y puede proyectar sombra sobre el estabilizador en T (si un avión está configurado con un estabilizador en T). La separación de la estela turbulenta provoca la pérdida de sustentación y puede introducir inestabilidad en el cabeceo. La estela turbulenta puede proyectar sombra sobre el plano de cola cuando se separa violentamente de la superficie del ala. El plano de cola no puede funcionar eficazmente en la sombra, comprometiendo la función de restauración del plano de cola, especialmente cuando la aeronave está en la perturbación causada por la separación. Esta situación en la que la aeronave va a entrar en pérdida pero el plano de cola no puede ayudar se llama entrada en pérdida profunda. Se puede utilizar un diseño de cola en T alto para alejar el plano de cola de la estela turbulenta y evitar la entrada en pérdida profunda.

Dispositivos de retraso de pérdida

Es importante para un perfil alar transonico prevenir el shock stall. Considerando esta necesidad, se han creado una serie de dispositivos que ayudan a evitar esta situación.

Aletas perpendiculares sobre el extrados

Las aletas perpendiculares pueden incorporarse en un ala cerca del área de la punta del ala para evitar que un gran vórtice en la punta del ala se convierta en un vórtice tipo "cuerno de carnero", lo que provoca una alta

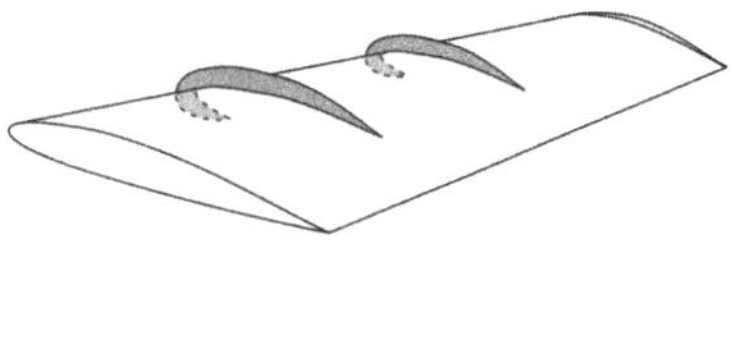

resistencia inducida y el stall en la punta del ala. Las aletas también pueden interrumpir la formación amplia de la onda de choque trasera sobre un ala de barrido hacia atrás y, por lo tanto, reducir la separación turbulenta detrás de la onda de choque.

Dispositivos anti choque

Un diseño de dispositivo o cuerpo anti choque (Anti shock Bodies) se llama zanahorias Küchemann, que son cuerpos con forma de vaina aerodinámica. Se agregan al borde de ataque o al borde de fuga de una superficie aerodinámica, comenzando desde cerca del punto de máximo espesor o máxima curvatura y extendiéndose más allá del borde de fuga de un ala. Pueden evitar que la velocidad local del aire aumente mucho más, de modo que el número de Mach local no sea muy alto y la intensidad de la onda de choque en el perfil no sea elevada. Así se mejora la resistencia a la onda de Mach.

Los cuerpos anti choque pueden reducir la interferencia de las corrientes de flujo de diferentes partes de la aeronave, por lo que se reducirá la vibración del ala en la gama transonica y se disminuirá la resistencia por interferencia. El flujo de aire local causado por esos cuerpos anti choque interrumpe la onda de choque cuando se mueve hacia el borde de fuga a medida que aumenta el número de Mach en la corriente libre. Por lo tanto, se reduce la resistencia a la onda de Mach y se retrasa el stall por onda de choque. Debido a que esos cuerpos anti choque generan un flujo de aire para retrasar la onda de choque y el stall retrasado, pueden reducir la resistencia por onda transonica.

Regla del área

La regla del área en el diseño de aeronaves transónicas establece que para lograr la mínima elevación de la resistencia transonica, el área de la sección transversal de toda la aeronave debe aumentar y disminuir suavemente desde la nariz hasta la cola. Las figuras siguientes muestran la diferencia entre los diseños con y sin la regla del área, y la diferencia en el coeficiente de resistencia transonica que la regla del área puede lograr.

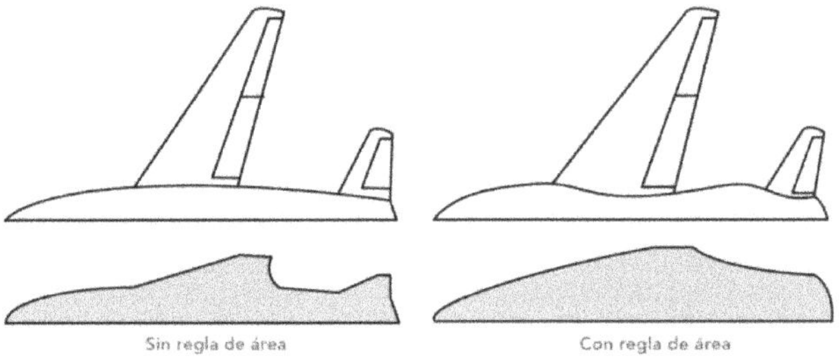

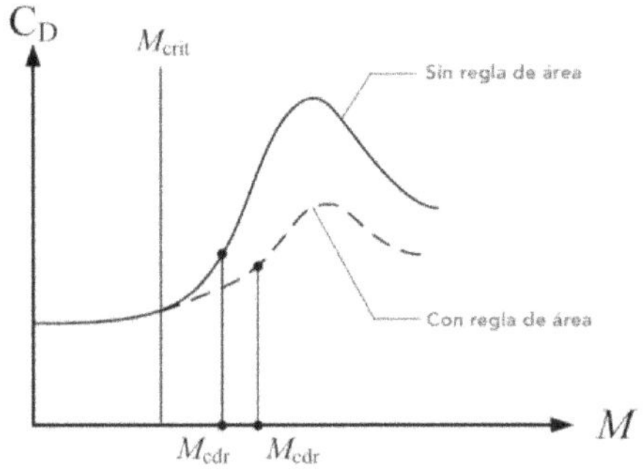

Capítulo 6

Aerodinámica en vuelos supersónicos

Biblioteca Aeronáutica
aviación en simples pasos

Ondas supersónicas

El cambio o la perturbación en las propiedades del aire siempre va detrás de las partículas de aire en movimiento cuando el flujo de aire es supersónico. Como resultado, las características aerodinámicas del flujo de aire cambian tanto que se vuelven fundamentalmente diferentes de las del aire en flujo subsónico. Los cambios en las propiedades del aire en el flujo supersónico forman ondas especiales que son muy importantes en el diseño de un avión supersónico. En esta sección se analizarán las dos formas de ondas supersónicas, la onda de choque oblicua y la onda de expansión, desde la formación de esas ondas hasta los efectos de las ondas y sus características aerodinámicas.

Las ondas supersónicas se forman dentro de un flujo supersónico de manera aislada, es decir, no hay intercambio de calor hacia o desde fuera del sistema de flujo de aire, en un proceso adiabático. Sin embargo, esos dos tipos de ondas supersónicas se forman en procesos adiabáticos diferentes: uno es reversible y el otro es irreversible.

Proceso adiabático reversible

El flujo de aire en una tobera convergente-divergente está en un proceso adiabático reversible, lo que significa que las propiedades del flujo de aire cambian en la tobera y se pueden revertir completamente al estado original. En este proceso, la presión en la entrada p1 es mucho mayor que la presión en la salida p2, cuando un flujo de aire compresible subsónico pasa por esta tobera convergente-divergente de izquierda a derecha y se vuelve supersónico en la salida. La velocidad del aire y las propiedades del aire cambian gradualmente a lo largo de toda la tobera. Si se asume que el proceso descripto aquí es sin fricción, es un proceso reversible. No hay pérdida de energía ni transferencia de calor, y entonces, el proceso del flujo de aire a través de esta tobera convergente-divergente se conoce como el proceso adiabático reversible, también llamado proceso isotrópico.

Por lo tanto, la temperatura y la presión de estancamiento del flujo de aire descripto anteriormente son las mismas desde el extremo izquierdo hasta el extremo derecho del conducto.

Proceso adiabático irreversible

El flujo de aire que atraviesa una onda de choque normal es un proceso adiabático irreversible. En este proceso, el flujo de aire supersónico compresible pasa a través de una onda de choque normal y se vuelve subsónico. No hay transferencia de calor durante este proceso, pero la onda de choque normal consume la energía cinética del flujo de aire. Después de que el flujo de aire pasa la onda de choque, la presión, la densidad y la temperatura del aire aumentan repentinamente. El flujo de aire supersónico se vuelve repentinamente subsónico después de la onda de choque. Este cambio repentino no es reversible porque un flujo de aire subsónico no podría pasar a través de una onda de choque normal y volverse repentinamente supersónico.

El flujo de aire supersónico en un flujo libre hacia la parte delantera de una onda de choque normal y el flujo de aire subsónico se alejan después de la onda de choque pueden ser ambos reversibles, pero el proceso de flujo de aire que atraviesa la onda de choque es un proceso adiabático irreversible. La temperatura de estancamiento antes de la onda de choque y después de la onda de choque son iguales ya que no hay transferencia de calor.

Ondas de choque oblicuas

Cuando un flujo de aire supersónico encuentra una perturbación de presión de compresión, se formará una onda de choque. Por ejemplo, un flujo de aire supersónico pasa sobre una esquina cóncava. El flujo de aire en la esquina se comprime, y una serie de ondas de presión consecutivas (ondas de Mach en flujo supersónico) se generan y acumulan en la esquina, luego, se forma una onda de choque en la esquina cóncava con un ángulo respecto al flujo de aire entrante. Este ángulo entre la onda de choque y la dirección del flujo de aire entrante es inferior a 90°. Esta onda de choque se llama onda de choque oblicua. Una onda de choque normal se puede ver como una forma especial de una onda de choque oblicua cuando el ángulo es de 90°. Las ondas de choque oblicuas se pueden observar en el borde de ataque de una aeronave supersónica y dentro de un conducto/tubo doblado con flujo de aire supersónico.

Propiedades del aire antes y después de una onda

Las propiedades del aire después de una onda de choque oblicua son muy importantes para la sustentación, la resistencia y la estabilidad del control de vuelo de una aeronave supersónica, así como para el diseño de motores a reacción eficaces, cohetes y otros objetos aerospaciales a velocidades supersónicas. Una onda de choque oblicua es una onda de compresión supersónica, por lo que la presión del aire aumenta al pasar a través de una onda de choque oblicua. Una onda de choque normal es un caso especial de onda de choque oblicua. La relación de las propiedades del aire antes y después de una onda de choque normal se utilizará para derivar las relaciones de las propiedades del aire antes y después de una onda de choque oblicua. El movimiento del aire a través de una onda de choque oblicua se puede analizar en dos direcciones ortogonales: paralela a la onda de choque y perpendicular a la onda de choque.

Un flujo de aire supersónico viaja sobre una superficie defectuosa (una esquina cóncava) y se forma una onda de choque oblicua en la esquina cóncava. La superficie está deformada hacia arriba por un ángulo θ. θ se llama ángulo de deflexión. β, que marca el ángulo entre la onda de choque oblicua y la dirección del flujo de aire antes de la onda de choque, se llama ángulo de choque.

El flujo de aire supersónico cambia su dirección después de pasar por esta onda de choque oblicua. Luego fluye paralelo a la superficie defectuosa. La velocidad del aire antes de la onda de choque es v1, y la velocidad después de la onda de choque es v2. El subíndice, τ, indica la dirección paralela a la onda de choque, y el subíndice, n, indica la dirección perpendicular a la onda de choque. La velocidad del aire se puede dividir en dos componentes en esas dos direcciones: $v1\tau$ y v1n son las componentes de velocidad del aire paralelas y perpendiculares a la onda de choque, respectivamente, antes de la onda de choque; y $v2\tau$ y v2n son las componentes de velocidad del aire paralelas y perpendiculares a la onda de choque después de la onda de choque.

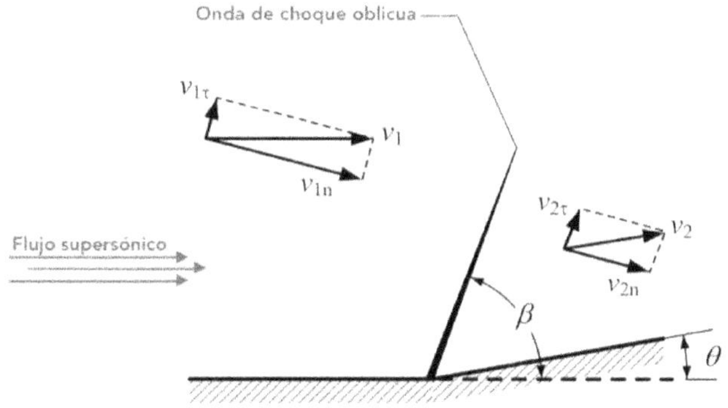

Ondas de expansión

Un flujo de aire compresible se expande cuando encuentra una perturbación de disminución de presión. Puede formarse una onda de expansión de presión. Por ejemplo, un flujo de aire supersónico viaja sobre una superficie que se desvía de la dirección del flujo de aire entrante.

La superficie desviada forma una esquina convexa con un ángulo de desviación de θ. Cuando un flujo supersónico se desvía del flujo de aire relativo por un ángulo muy pequeño δθ, el δθ en la esquina convexa provoca un cambio de presión, que es una onda de presión, una onda Mach en el flujo supersónico. Cuando el aire pasa por esta onda, la presión del aire disminuye y la velocidad del aire y el número de Mach del flujo de aire aumentarán. Esta onda Mach es una onda de expansión.

Propiedades del aire antes y después de una onda

En el proceso de expansión, la presión del aire disminuye y la velocidad del aire aumenta gradualmente. No hay transferencia de calor hacia o desde el flujo de aire y no hay fricción en el proceso de expansión, por lo que este proceso de expansión es un proceso isotrópico.

Tamaño de la zona de expansión

El tamaño de una región de expansión debería estar relacionado con el ángulo de deflexión. Siguiendo la explicación de las ondas de expansión, podemos ver que cuanto mayor sea el ángulo de deflexión θ de la superficie, menor será la presión, y mayor será la velocidad del aire o el número de Mach después de la región de expansión.

El matemático e ingeniero alemán Ludwig Prandtl y Theodor Meyer establecieron la teoría del flujo de expansión compresible y derivaron una función conocida como la función Prandtl-Meyer, que describe la relación entre el número de Mach del flujo de aire en expansión y el rango de giro/ángulo que el flujo de aire soporta en el proceso de expansión.

Introducción al vuelo supersónico

Las alas de un avión supersónico son muy diferentes de las de los aviones subsónicos o transónicos. La diferencia radica en su apariencia y, lo que es más importante, en el principio de generación de sustentación. Anteriormente, hemos aprendido que se formará una onda de choque en la punta del borde de ataque de un perfil aerodinámico cuando el número de

Mach de la corriente libre (Mfs) alcance el número de Mach de desprendimiento (Mdet) para aeronaves transónicas. La sustentación se reducirá y la resistencia aumentará significativamente si el número de Mach de la corriente libre aumenta aún más. Como resultado, una aeronave no podría mantener el rendimiento habitual utilizando un perfil aerodinámico diseñado para vuelo subsónico o transonico. Obviamente, se requiere un principio diferente de generación de sustentación para cualquier aeronave que pueda volar con un número de Mach mayor que el número de Mach de desprendimiento, y la forma del ala debe modificarse en consecuencia.

En un flujo de aire supersónico, pueden formarse dos tipos de ondas: una onda de choque oblicua y una onda de expansión, como se discutió anteriormente. La presión del aire aumenta cuando el flujo de aire pasa por ondas de choque oblicuas y disminuye cuando pasa por ondas de expansión. La sustentación puede generarse si se forman ondas de choque oblicuas y ondas de expansión alrededor de un perfil aerodinámico en ubicaciones asignadas por diseño.

Flujo de aire supersónico sobre el perfil

Ondas de choque oblicuas o ondas de expansión pueden formarse en la superficie de un perfil aerodinámico, siempre y cuando la superficie se desplace hacia o desde el flujo de aire supersónico. No hay prácticamente límite en la forma del perfil aerodinámico supersónico, aparte de que debe ser delgado. Sin embargo, la forma del perfil aerodinámico afectará el patrón de formación de las ondas, pero no es el factor determinante para saber si el perfil aerodinámico es capaz de producir sustentación.

Perfil delgado

En una placa (perfil) colocada en paralelo al flujo de aire, es decir, con un ángulo de ataque de "0", el flujo de aire alrededor de la placa apenas se ve perturbado y no se forman ondas en la placa. No hay cambios en la presión del aire alrededor de esta placa. Por lo tanto, no hay diferencia de presión generada en ambos lados de esta placa, lo que significa que no hay sustentación.

Cuando esta placa delgada está en un flujo de aire supersónico con un pequeño ángulo de ataque positivo, la superficie superior de la placa se desvía del flujo de aire libre y se forma un abanico de expansión en el extremo superior del borde de ataque. La primera línea de Mach del abanico de expansión está determinada por la velocidad Mach del flujo de aire entrante, y la última línea de Mach será determinada por la función de Prandtl-Meyer. La velocidad del aire aumenta y la presión del aire disminuye cuando el flujo de aire pasa a través del abanico de expansión. La superficie inferior de la placa se desvía hacia el flujo de aire libre, por lo que se forma una onda de choque oblicua en el extremo inferior del borde de ataque. La presión del aire aumenta después de la onda de choque oblicua. De manera similar, en el borde de fuga, se forma una onda de choque oblicua en el extremo superior, mientras que se forma un abanico de ondas de expansión en el extremo inferior.

Es evidente que la presión del aire sobre la superficie superior de esta placa detrás del abanico de expansión es menor que la presión del aire detrás de la onda de choque oblicua en la superficie inferior. Esta diferencia de presión entre los dos lados de la placa generará sustentación en un flujo de aire supersónico. En el borde de fuga de la placa, la presión del aire aumenta después de la onda de choque oblicua compresiva en la parte superior, y la presión del aire disminuye después de las ondas de expansión en la parte inferior. Estos cambios en la presión del aire en el borde de fuga no afectarían la producción de sustentación de la placa. Sin embargo, sí contribuyen a la resistencia total de la placa en el flujo de aire.

Coeficiente de presión

En general, la distribución del coeficiente de presión representa la distribución de presión alrededor de un perfil alar. Las características de la distribución del coeficiente de presión muestran la capacidad del perfil alar para producir sustentación. La teoría lineal supersónica puede explicar el cambio en la presión del aire alrededor de un perfil alar supersónico en una ecuación relativamente simple. Esta teoría define un perfil alar supersónico como aquel en el que no hay ondas de choque en la superficie de un perfil delgado y de borde afilado con pequeña curvatura.

Existen métodos más sofisticados para analizar la sustentación generada por un perfil alar supersónico con pleno conocimiento de las ubicaciones y características de las ondas supersónicas formadas alrededor del perfil alar. El flujo de aire supersónico alrededor de un perfil alar supersónico puede describirse relativamente con precisión mediante un modelo aerodinámico, es decir, un conjunto de ecuaciones matemáticas y sus condiciones de contorno e iniciales. El modelo puede resolverse mediante métodos de simulación numérica bien desarrollados para obtener la velocidad y las propiedades del aire en cualquier punto y en cualquier momento del campo de flujo. Sin embargo, el objetivo de esta sección es tratar de explicar el principio de la sustentación en un vuelo supersónico mediante una expresión matemática sencilla y clara.

Perfil de "Doble Cuña" (Double Wedge)

La siguiente figura muestra un perfil alar simétrico con una sección transversal de doble cuña ubicado en un flujo de aire supersónico, y el ángulo de ataque de este perfil alar con respecto al flujo de aire libre es "0". La superficie superior y la superficie inferior son simétricas, y el patrón de las ondas de choque oblicuas compresivas y las ondas expansivas formadas en ambas superficies es simétrico: la presión del aire aumenta desde el borde de ataque después de la onda de choque oblicua compresiva; luego disminuye cuando el aire pasa a través de la región de expansión. Las distribuciones de presión sobre la superficie superior y la superficie inferior de la doble cuña son idénticas, por lo que no se genera sustentación.

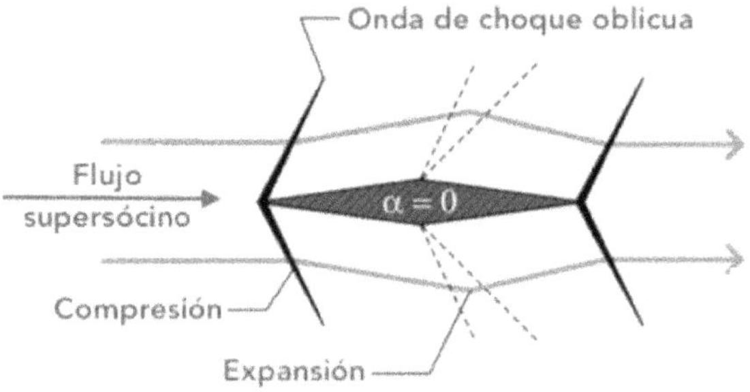

El ángulo de cuña en el borde de ataque y el borde de salida es relativamente pequeño. En la siguiente figura, el perfil alar de doble cuña se encuentra en el flujo de aire supersónico con un pequeño ángulo de ataque, por ejemplo, un ángulo de cuña de medio, y los números 1, 2, 3 y 4 representan estas cuatro partes anchas de la superficie.

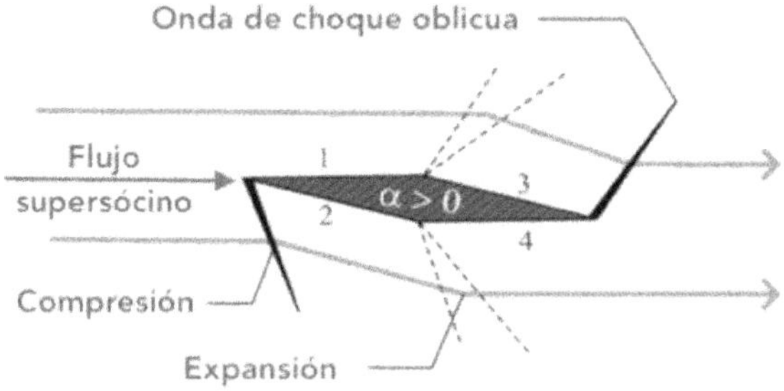

La superficie superior "1" está en paralelo al flujo de aire entrante, y el aire fluye sin ninguna alteración, por lo que no se forma ninguna onda supersónica en el extremo superior del borde de ataque, y la presión sobre la superficie "1" es la misma que en el flujo libre: $p1 = pfs$. En el extremo inferior del borde de ataque, el flujo de aire se desvía hacia el flujo de aire, se forma una onda de choque oblicua y la presión del aire aumenta después de la onda de choque oblicua, por lo que la presión del aire sobre la superficie "2" es mayor que la presión del aire libre: $p2 > pfs$.

En la cuña superior media entre las superficies "1" y "3" del perfil alar y la cuña inferior media entre las superficies "2" y "4", se forman abanicos de expansión, porque tanto la superficie "3" como la "4" se desvían del flujo de aire. La superficie "4" vuelve a ser paralela al flujo de aire libre. En el extremo superior del borde de salida, se forma una onda de choque oblicua. La presión sobre la superficie superior "3" es menor que la presión del aire libre: $p3 < pfs$, y la presión sobre la superficie "4" es menor que la presión sobre la superficie "2", pero sigue siendo un poco mayor que la presión del aire libre: $p4 \geq pfs$.

Resumiendo la presión del aire sobre la superficie superior e inferior del perfil alar de doble cuña: $p1 = pfs < p2$, y $p3 < pfs \leq p4$.

Entonces, la distribución general de la presión produce una fuerza total hacia arriba: sustentación.

Para el perfil alar de doble cuña en la figura anterior, el ángulo de ataque del perfil alar con respecto al flujo de aire relativo es pequeño, asumiendo que el borde de ataque superior es paralelo al flujo de aire. Según la regla de Ackeret, ε en la superficie superior "1" es "0"; ε en la superficie superior "3" es una constante "−"; ε en la superficie inferior "2" es una constante "+"; y ε en la superficie inferior "4" es "0".

La distribución del coeficiente de presión alrededor del perfil alar se muestra en la siguiente figura, donde las flechas indican la dirección de la diferencia de presión entre la superficie inferior y superior. Es evidente que el perfil alar de doble cuña con un pequeño ángulo de ataque positivo en un flujo de aire supersónico produce sustentación. Cabe destacar que el centro de presión, CP (centro del área de flecha), para el perfil alar simétrico de doble cuña se encuentra en el centro de la cuerda. Está en la posición del eje vertical en la figura.

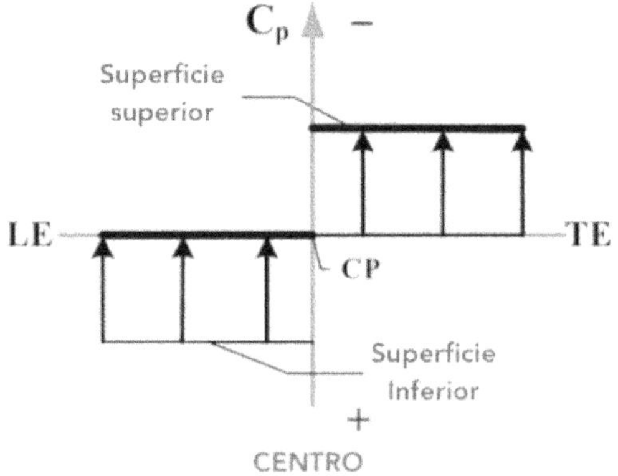

Esto demuestra que el perfil alar de doble cuña puede producir sustentación. El perfil alar de doble cuña fue un diseño popular para los primeros vuelos supersónicos. La forma de la doble cuña puede ser simétrica o con perfil no simétrica. La proporción seleccionada de grosor de t/c para un perfil alar depende del número de Mach del vuelo supersónico. La ubicación del grosor máximo casi no tiene efecto en la sustentación y el CP (centro de presión) para un perfil alar simétrico de doble cuña. Pero la ubicación del grosor máximo sí afecta el coeficiente de sustentación y el centro de presión para un perfil alar de doble cuña.

La siguiente figura muestra un perfil alar simétrico de doble cuña con grosor máximo hacia adelante (a), y un perfil alar de doble cuña con grosor máximo centrado (b), y un perfil alar de doble cuña con grosor máximo hacia adelante (c). Estos tres perfiles alares se encuentran en un flujo de aire supersónico, v > a, con un pequeño ángulo de ataque.

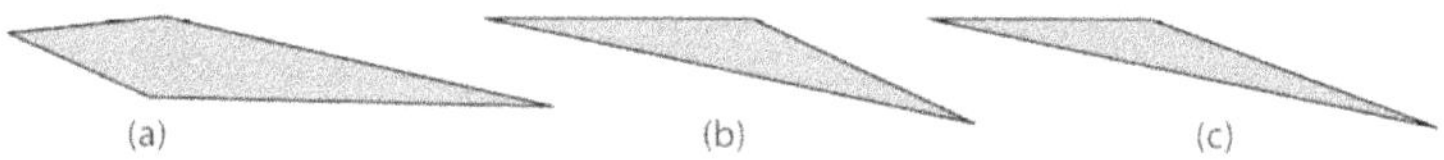

Vuelos supersónicos

Las alas de un avión supersónico son muy diferentes de las de los aviones subsónicos o transónicos. La diferencia radica en su aspecto y, lo que es más importante, en el principio de generación de sustentación. La sustentación se reduciría y la resistencia aumentaría significativamente si el número Mach de la corriente libre siguiera aumentando. En consecuencia, una aeronave no podría mantener el rendimiento habitual utilizando un perfil aerodinámico diseñado para el combate subsónico o transónico.

Obviamente, se requiere un principio diferente de generación de sustentación para cualquier aeronave que pueda volar con un número de Mach superior al número de Mach de desprendimiento, y la forma del ala debe modificarse en consecuencia.

En un flujo de aire supersónico pueden formarse dos tipos de ondas, la onda de choque oblicua y la onda de expansión. La presión del aire aumenta cuando el flujo aéreo pasa por ondas de choque oblicuas y disminuye cuando pasa por ondas de expansión. Se puede generar sustentación si se forman ondas de choque oblicuas y ondas de expansión alrededor de una superficie aerodinámica en lugares asignados por diseño.

Se pueden formar ondas de choque oblicuas u ondas de expansión en la superficie de un perfil aerodinámico, siempre que la superficie presente defectos hacia o desde el flujo de aire supersónico. Prácticamente no hay límite para la forma de la superficie aerodinámica supersónica, aparte de que debe ser delgada. Sin embargo, la forma de la superficie aerodinámica afectará al patrón de formación de las ondas, pero no es el factor determinante de si la superficie aerodinámica es capaz de producir sustentación.

Perfil fino o delgado

Un perfil fino se coloca en paralelo al flujo de aire, es decir, el ángulo de ataque es 0. El flujo de aire alrededor del perfil apenas se perturba y no se forman ondas en este. No hay ningún cambio en la presión del aire alrededor de este perfil. Por lo tanto, no hay diferencia de presión generada en ambos lados del perfil.

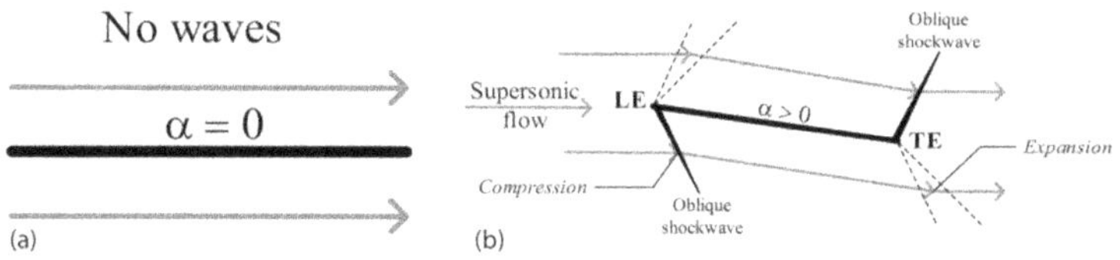

Cuando esta placa delgada se encuentra en un flujo supersónico con un pequeño ángulo de ataque positivo, la superficie superior del perfil se desvía de la corriente de aire libre, y se forma un abanico de expansión en el extremo superior del borde de ataque. La primera línea de Mach del abanico de expansión viene determinada por el número de Mach del flujo de aire entrante, y la última línea de Mach vendrá determinada por la función de Prandtl-Meyer y la ecuación.

La velocidad del aire aumenta y la presión del aire disminuye cuando el flujo de aire pasa a través del ventilador de expansión. La superficie inferior del perfil se desvía hacia la corriente de aire libre, por lo que se forma una onda de choque oblicua en el extremo inferior del borde de ataque. La presión del aire aumenta después de la onda de choque oblicua. Del mismo modo, en el borde de salida, se forma una onda de choque oblicua en el extremo superior del borde de salida, mientras que se forma un abanico de ondas de expansión en el extremo inferior del borde de salida.

Es muy claro que la presión del aire sobre la superficie superior de este perfil detrás del ventilador de expansión es menor que la presión del aire detrás de la onda de choque oblicua en la superficie inferior. Esta diferencia de presión entre los dos lados del perfil producirá sustentación en un flujo supersónico. En el borde de salida, la presión del aire aumenta después de la onda de choque oblicua de compresión en el extremo superior, y la presión del aire disminuye después de las ondas de expansión en el extremo inferior. Esos cambios en la presión del aire en el borde de salida no afectarían a la producción de sustentación del perfil. Sin embargo, sí contribuyen a la resistencia total del perfil en el flujo de aire.

Perfil doble cuña

La figura siguiente muestra una superficie aerodinámica simétrica con una sección transversal de doble cuña situada en una corriente supersónica, y el ángulo de ataque de esta superficie aerodinámica con respecto a la corriente libre es «0».

La superficie superior y la inferior son simétricas, y el patrón de la onda de choque oblicua compresiva y las ondas de expansión formadas en ambas superficies son simétricas: la presión del aire aumenta desde el borde de ataque después de la onda de choque oblicua compresiva; luego disminuye cuando el aire pasa por la región de expansión.

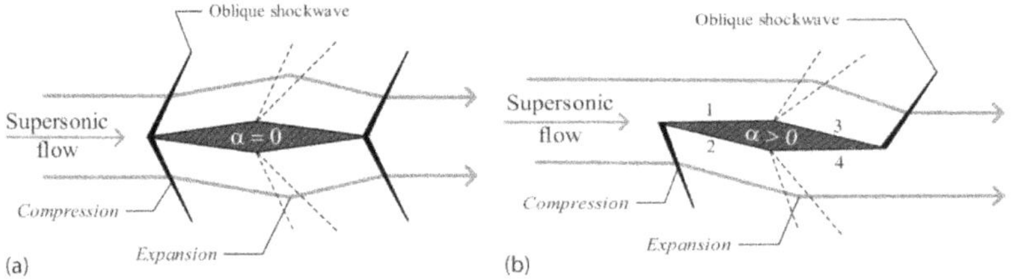

Las distribuciones de presión sobre la superficie superior y la superficie inferior de la doble cuña son idénticas, por lo que no se genera sustentación. El ángulo de la cuña en el borde de ataque y en el borde de salida es relativamente pequeño. En la figura anterior, la doble cuña aerodinámica se establece en el flujo supersónico con un ángulo de ataque pequeño, por ejemplo, un ángulo de media cuña, y los números 1, 2, 3 y 4 representan estas cuatro partes gordas de la superficie. La superficie superior «1» está en paralelo al flujo de aire entrante, y el aire fluye a través de ella sin ninguna perturbación, por lo que no se forma ninguna onda supersónica en el extremo superior del borde de ataque, y la presión sobre la superficie «1» es la misma que la del flujo libre: p1= pfs. En el extremo inferior del borde de ataque, el flujo de aire se desvía hacia el flujo de aire - se forma una onda de choque oblicua, y la presión del aire después de la onda de choque oblicua aumenta, por lo que la presión del aire sobre la superficie «2» p2 > pfs.

En la cuña media superior entre las superficies «1» y «3» del perfil aerodinámico, y en la cuña media inferior entre las superficies «2» y «4», se forman abanicos de expansión, ya que tanto la superficie «3» como la «4» se alejan del flujo de aire. La superficie «4» vuelve a ser paralela al flujo de aire libre. En el extremo superior del borde de salida se forma una onda de choque oblicua.

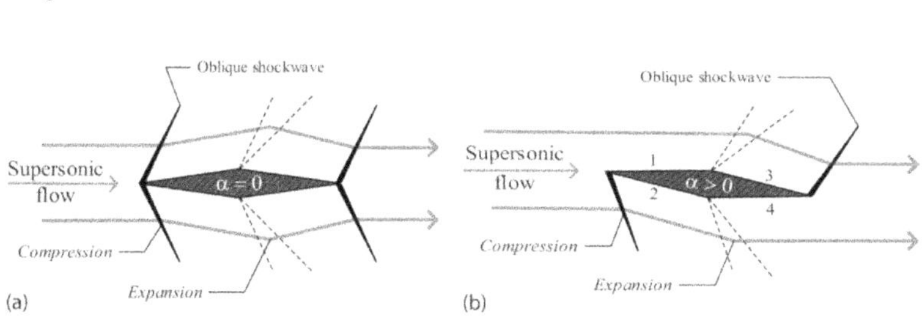

La presión sobre la superficie superior «3» es menor que la presión de la corriente libre: p3< pfs, y la presión sobre la superficie «4» es menor que la presión sobre la superficie «2», pero aún es un poco mayor que la presión de la corriente libre: p4 ≥ pfs.

Resumiendo la presión del aire sobre la superficie superior e inferior de la doble cuña aerodinámica: p1 = pfs < p2, y p3 < pfs ≤ p4. Así pues, la distribución global de la presión produce una fuerza total de sustentación hacia arriba. El ángulo en la superficie superior e inferior de la cuña delantera es el mismo en un punto de la cuerda, por lo que las distribuciones del coeficiente de presión para la superficie superior e inferior son las mismas.

La ubicación del espesor máximo no tiene casi ningún efecto sobre la sustentación y el CP (centro de presión) para un perfil aerodinámico simétrico de doble cuña. Sin embargo, la ubicación del grosor/cámara máximos sí afecta al coeficiente de sustentación y al centro de presión para un perfil aerodinámico de doble cuña combado.

La siguiente figura muestra una doble cuña simétrica con el máximo espesor hacia delante (a), una doble cuña peraltada con el máximo espesor centrado (b) y una doble cuña peraltada con el máximo espesor hacia delante (c). Estos tres perfiles se encuentran en un flujo supersónico, v > a, con un ángulo de ataque pequeño.

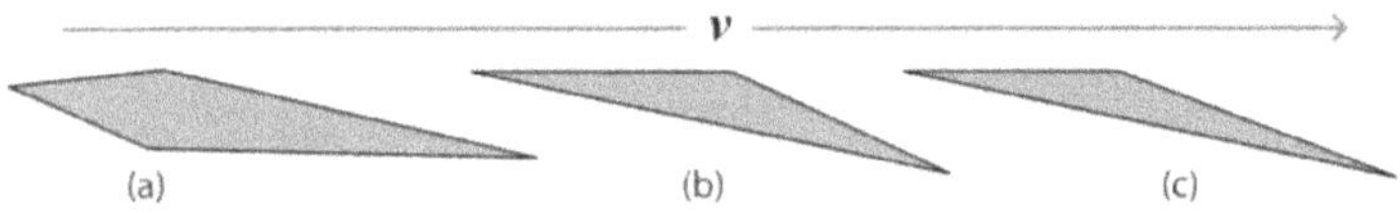

Para un perfil aerodinámico de doble cuña, el punto de máxima curvatura es el mismo que el de máximo espesor. Se puede observar que el CP permanece en el centro de la cuerda, incluso cuando tiene un espesor máximo adelantado.

Perfil biconvexo

La aerodinámica de doble cuña era una aerodinámica popular en el desarrollo temprano de los combates supersónicos, y otra aerodinámica supersónica popular es la aerodinámica biconvexa, que se utilizaba comúnmente para los combates M =1,4 ~ 2. Dos arcos circulares forman la superficie superior e inferior de la superficie aerodinámica. Dos arcos con la misma curvatura (radio) forman una superficie aerodinámica biconvexa simétrica, como se muestra en la figura (a), mientras que los arcos con diferentes radios de curvatura forman una superficie aerodinámica combada, como se muestra en la figura (b). El borde de ataque de la biconvexa es relativamente afilado, y se formarán ondas de choque que se fijarán en el borde de ataque.

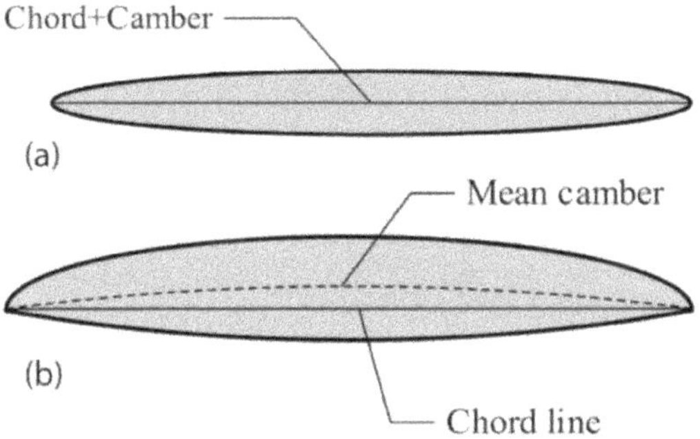

Cuando una aerodinámica biconvexa simétrica se encuentra en un flujo supersónico con un ángulo de ataque pequeño, se forma una onda de choque oblicua en el extremo inferior del borde de ataque, y otra onda de choque oblicua en el extremo superior del borde de salida. Tanto la superficie superior como la inferior están cubiertas de ondas de expansión gradualmente defectuosas. C

omo hemos aprendido en los capítulos anteriores, la presión del aire aumentará después de una onda de choque, y disminuirá después de las ondas de expansión. Así pues, la presión del aire en la parte superior de la superficie aerodinámica disminuye a partir de la presión del flujo libre, pfs, mientras que la presión en la superficie inferior disminuye gradualmente a partir de la presión después de la onda de choque, que es mucho mayor que pfs. El coeficiente de presión Cp en la superficie superior de la superficie aerodinámica biconvexa es negativo, y el Cp en la superficie inferior es positivo. En la figura siguiente se muestra la distribución del coeficiente de presión de esta superficie aerodinámica biconvexa simétrica. La distribución muestra que esta superficie aerodinámica produce sustentación.

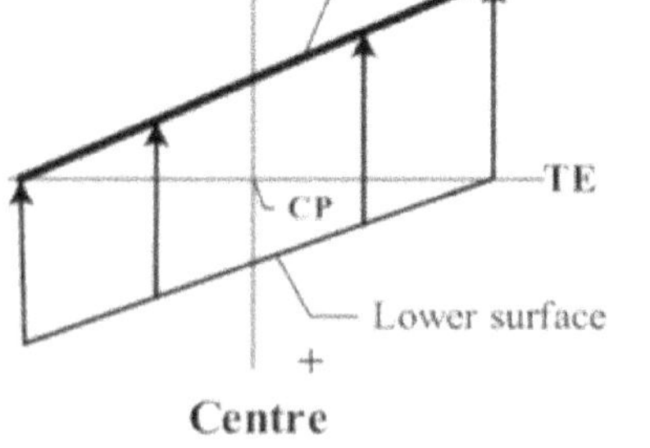

Una superficie aerodinámica biconvexa puede estar combada. Normalmente, la curvatura es positiva. Para el mismo ángulo de ataque pequeño, se formarán ondas de choque oblicuas en la parte inferior LE y superior TE. Los resultados de los ensayos de laboratorio han demostrado que una superficie aerodinámica biconvexa puede funcionar con un ángulo de ataque relativamente alto, de hasta 30° aproximadamente. Se ha generalizado su uso en el diseño de superficies aerodinámicas supersónicas. Analizar las características de las fuerzas aerodinámicas es relativamente fácil, ya que los experimentos han demostrado que los parámetros aerodinámicos obtenidos a partir de los resultados de las pruebas del perfil aerodinámico coinciden con los derivados de las teorías aerodinámicas.

Si el ángulo de ataque es demasiado pequeño, pueden formarse ondas de choque oblicuas a ambos lados del borde de ataque del perfil aerodinámico biconvexo. Pero la onda de choque en el borde de ataque de la superficie superior es mucho más débil que la onda de choque en el borde de ataque de la superficie inferior. Sin embargo, las ondas de expansión gradualmente defectuosas cubren tanto la superficie superior como la inferior.

Las formas de aerodinámica supersónica analizadas aquí son populares y están bien utilizadas. Un diseño de placa de la superficie aerodinámica es simple y económico, pero tiene una rigidez pobre, lo que afectaría a la estabilidad del vuelo. El diseño de doble cuña es una opción muy popular, en particular, para las primeras generaciones de aviones supersónicos. Se puede fabricar fácilmente y es resistente.

El diseño biconvexo se utiliza cada vez más en los aviones supersónicos modernos. La forma de la superficie aerodinámica biconvexa es similar a la de la superficie aerodinámica sub-transónica, y debería funcionar mejor a velocidades subsónicas que la superficie aerodinámica de placa o de doble cuña. En un avión supersónico se pueden utilizar diferentes tipos de perfil aerodinámico: por ejemplo, diseño biconvexo para el estabilizador vertical, diseño de placa para el estabilizador horizontal y diseño de placa combada/biconvexo para el plano principal.

Capa límite y resistencia

A partir de este análisis y discusión, nos damos cuenta de que casi no hay limitación en la forma de la superficie aerodinámica supersónica, por ejemplo, la superficie aerodinámica hexagonal, siempre y cuando las ondas supersónicas se puedan organizar en un patrón, que permita producir la fuerza aerodinámica TR (reacción total). Incluso el cuerpo de un avión supersónico puede contribuir a la fuerza con sus alas debido a las ondas de choque y de expansión que se forman alrededor de todo el cuerpo.

Dado que el aire es un fluido viscoso, se formará una capa límite sobre la superficie de un avión cuando viaje a velocidad supersónica. Sin embargo, la capa límite sobre una lucha supersónica será muy fina. La velocidad de las partículas de aire en la superficie bajo la capa límite es «0», y debe aumentar muy rápidamente para alcanzar la velocidad de la corriente libre, por lo que se puede suponer que la velocidad del flujo de aire aumenta con la capa límite linealmente en la dirección perpendicular a la superficie.

La separación de la capa límite de un flujo de aire supersónico puede ocurrir, particularmente la estela turbulenta después de una onda de choque se separa inmediatamente después de una onda de choque fuerte.

Como se ha comentado anteriormente, la distribución de la presión alrededor de la superficie aerodinámica supersónica depende principalmente de la formación de diferentes ondas supersónicas. Los cambios de presión tras esas ondas de choque oblicuas y ondas de expansión producen la sustentación. La separación de la capa límite forma parte del cambio de presión. Por supuesto, la separación provocará el aumento de la resistencia debido a la estela de vórtices.

Alas supersónicas

Las formas planas de los aviones supersónicos varían mucho. Por ejemplo, pueden ser alas de barrido hacia atrás, como el Concord; pueden ser alas delta, en las que el ala y el fuselaje se integran en una forma triangular; y hay diseños de alas rectas y otras combinaciones de ala y fuselaje para aviones de combate. Como introducción a los aviones supersónicos, aquí sólo se tratarán algunos ejemplos de diseños de formas planas.

En los aviones supersónicos puede utilizarse un ala recta, por ejemplo, el FA 18 de la NASA. El ala recta puede producir un coeficiente de sustentación más alto a velocidades aerodinámicas bajas y un coeficiente de resistencia relativamente más bajo a un número Mach alto en la gama de velocidades supersónicas.

Sin embargo, el rendimiento de un ala recta puede verse debilitado por los efectos de la punta. El flujo de aire alrededor de un ala recta es aproximadamente un flujo bidimensional (2-D). Su distribución de presión puede analizarse como antes, excepto en las puntas de las alas. En las zonas de las puntas de las alas rectas, el flujo de aire local es tridimensional porque la formación de ondas supersónicas se ve afectada por el límite de la punta y los vórtices en la zona de la punta, y la sustentación producida en la zona de la punta se reducirá, lo que se denomina efecto de punta (supersónico). Además, las puntas de las alas pueden acabar fácilmente situadas en la zona silenciosa fuera del cono de Mach del avión cuando el número de Mach aumenta si la envergadura es relativamente larga, con la consecuencia de que se reducirá la sustentación y aumentará su resistencia. Así pues, el diseño de ala recta puede no ser adecuado para aeronaves supersónicas de gran altitud.

Un ala delta es un diseño que une el fuselaje y las alas formando un triángulo. Muchos reactores supersónicos modernos han optado por el diseño de ala delta. Este diseño tiene el carácter aerodinámico de las alas barridas, pero puede hacer que el ala supersónica sea rígida. La estructura de un ala delta es simple y mecánicamente fuerte. La cuerda es relativamente larga y el espesor relativo t/c es bajo. El área de un ala delta es grande, por lo que la carga alar es relativamente baja. Sin embargo, una gran superficie producirá una mayor fricción en la piel, es decir, una mayor resistencia aerodinámica.

Algunos aviones supersónicos están diseñados para poder navegar tanto a velocidades subsónicas como supersónicas. Las alas rectas podrían producir una mejor relación L/D en el rango subsónico, mientras que las alas de barrido tendrían un mejor rendimiento en el rango supersónico, como se ha comentado anteriormente.

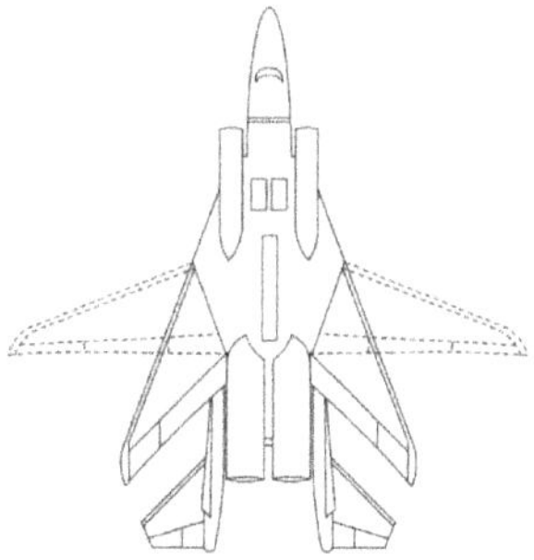

Las alas de barrido variable, o alas oscilantes, se desarrollaron para garantizar que los aviones tuvieran capacidad suficiente tanto a velocidades subsónicas como supersónicas. Un ala de geometría variable puede cambiar su configuración en combate: el ala oscila hacia arriba para convertirse en un ala recta a una velocidad subsónica, y se pliega hacia su fuselaje para convertirse en un ala de barrido en una velocidad supersónica.

Diseños en aeronaves supersónicas

El diseño de la estructura de un avión supersónico debe seguir la regla del área para reducir la resistencia aerodinámica. Siempre es preferible una forma esbelta con un borde de ataque/nariz y un borde de salida relativamente afilados. Un borde de ataque afilado puede hacer que la onda de choque de proa formada en el borde de ataque se adhiera a la superficie, lo que causaría menos resistencia que la onda de choque de proa desprendida del borde de ataque si el borde de ataque es redondo.

Sin embargo, un borde de ataque es una fuente de calentamiento cinético, y la carga térmica y la intensidad serían muy altas en un borde de ataque afilado. El cuerpo real de un avión supersónico tendría una forma similar al perfil de línea continua. En el cuerpo real de un avión supersónico, el borde de ataque no es afilado, sino redondeado con un radio pequeño, y el motor a reacción se sitúa en el borde de cola con un borde de salida cortado como escape del chorro. El diseño del cuerpo de un avión supersónico necesita considerar los aspectos de las fuerzas aerodinámicas y el calentamiento de forma exhaustiva.

Calentamiento cinético

El calentamiento en la superficie de un avión supersónico es un problema especial, que no tienen los aviones subsónicos y transónicos. Uno de los ejemplos es la elevada temperatura que experimentó un transbordador espacial cuando regresó del espacio y volvió a entrar en la atmósfera terrestre a un número de Mach > 20. Este calentamiento se denomina calentamiento cinético. En concreto, el calentamiento cinético es el proceso por el que la energía cinética se convierte en energía térmica, es decir, en calor, o por el que la disminución de la velocidad supersónica provoca un aumento de la temperatura del aire. Las fuentes de calentamiento cinético en los vuelos supersónicos son:

Fricción con capa límite: la energía cinética del flujo de aire se consumiría para vencer la fricción para que el aire siga avanzando. El trabajo realizado contra la fricción se transformará en energía térmica: calor. La superficie sobre la que se ejerce la fricción se calentará y aumentará su temperatura.

Onda de choque: La formación de una onda de choque requiere energía, la temperatura del aire aumenta bruscamente cuando atraviesa una onda de choque. Cuanto mayor sea el número de Mach, más fuerte será la onda de choque y mayor será la temperatura después de la onda de choque.

El calentamiento cinético puede ser muy intenso en determinados puntos de un avión supersónico, por ejemplo, el morro del avión, el borde de ataque del perfil aerodinámico. Puede dañar los materiales y debilitar la estructura del avión. Se han desarrollado muchos métodos para proteger las aeronaves supersónicas del calentamiento cinético, y los siguientes son algunos ejemplos de los métodos:

Materiales: Un material puede volverse elástico y su resistencia se debilitará antes de que su temperatura alcance su punto de fusión. Cuanto más alto sea su punto de fusión, mejor tolerará el calor. El aluminio es un metal ligero, pero su punto de fusión es de unos 600°C. El titanio es ligero y su punto de fusión supera los 1600°C, pero es muy caro. En los últimos años se han desarrollado nuevos materiales para aviones: aleaciones con titanio, que serían fuertes, flexibles y pueden tolerar temperaturas relativamente altas. Los compuestos con matriz cerámica son resistentes y pueden utilizarse a altas temperaturas, pero no son flexibles. Las cerámicas de ultra alta temperatura (UHTC) desarrolladas en la NASA contienen varios metales y pueden utilizarse para proteger la superficie de los aviones supersónicos.

Aislamiento: Para cubrir la superficie de las partes del cuerpo, que experimentan el calentamiento cinético intensivo, con el material, que puede soportar altas temperaturas con conductividad térmica relativamente baja, por lo que el calor no penetrará en el cuerpo fácilmente, y proteger el instrumento de lucha instalado cerca de la pared caliente del cuerpo.

Radiación superficial: Diseñar la estructura o forma de las superficies del cuerpo, donde están cerca de las fuentes de calor, para que irradien calor fácilmente. La superficie con una alta emisividad puede disipar el calor rápidamente; o hay una gran área de esta estructura de superficie, y el calor puede ser irradiado hacia fuera, y reducir la carga térmica en las superficies para evitar que la temperatura local aumente rápidamente.

Enfriamiento de superficies: Eliminar el calor de la superficie o estructura del cuerpo que se calienta puede evitar el aumento de la temperatura. Detrás de la superficie calentada puede instalarse una camisa o una red de paso, y el refrigerante, que tiene una capacidad calorífica relativamente alta, o un calor latente elevado, se conduce a través del paso/ camisa. El refrigerante puede absorber y transferir el calor de la superficie a un disipador de calor para mantener la temperatura en un nivel seguro. Por ejemplo, se puede utilizar agua como refrigerante, si la temperatura de la superficie no es demasiado alta.

Biblioteca Aeronáutica
aviación en simples pasos

www.ingramcontent.com/pod-product-compliance
Lightning Source LLC
LaVergne TN
LVHW071742071126
851857LV00045B/2066

* 9 7 9 8 2 5 6 2 0 4 6 9 3 *